FRANKFURTER GEOWISSENSCHAFTLICHE ARBEITEN

Serie D · Physische Geographie

Band 17

Geomorphologisch – bodengeographische Arbeiten in Nord- und Westafrika

Arno Semmel zum 65. Geburtstag

herausgegeben
von
Jürgen Heinrich und Heinrich Thiemeyer

Herausgegeben vom Fachbereich Geowissenschaften
der Johann Wolfgang Goethe-Universität Frankfurt
Frankfurt am Main 1994

Frankfurter geowiss. Arb.	Serie D	Bd. 17	97 S.	28 Abb.	12 Tab.	Frankfurt a.M. 1994

ISSN 0173-1807
ISBN 3-922540-47-3

Schriftleitung

Dr. Werner-F. Bär
Institut für Physische Geographie der Johann Wolfgang Goethe-Universität,
Postfach 11 19 32, D-60054 Frankfurt am Main

Die Deutsche Bibliothek - CIP-Einheitsaufnahme

Geomorphologisch-bodengeographische Arbeiten in Nord- und Westafrika : Arno Semmel zum 65. Geburtstag / hrsg. vom Fachbereich Geowissenschaften der Johann-Wolfgang-Goethe-Universität Frankfurt. Hrsg. von Jürgen Heinrich und Heinrich Thiemeyer. - Frankfurt am Main : Inst. für Physische Geographie, 1994

(Frankfurter geowissenschaftliche Arbeiten : Ser. D, Physische Geographie ; Bd 17)
ISBN 3-922540-47-3

NE: Heinrich, Jürgen [Hrsg.]; Universität <Frankfurt, Main> / Fachbereich Geowissenschaften; Semmel, Arno: Festschrift; Frankfurter geowissenschaftliche Arbeiten / D

ISSN 0173-1807

ISBN 3-922540-47-3

Anschrift der Herausgeber

Dr. J. Heinrich, Institut für Physische Geographie der Johann Wolfgang Goethe-Universität, Senckenberganlage 36, D-60325 Frankfurt am Main

Dr. H. Thiemeyer, Institut für Geographie, Friedrich-Schiller-Universität, Löbdergraben 32, D-07743 Jena

Bestellungen

Institut für Physische Geographie der Johann Wolfgang Goethe-Universität,
Postfach 11 19 32, D-60054 Frankfurt am Main

Druck

F. M.-Druck, D-61184 Karben

Vorwort

Prof. Dr. Dr. h. c. Arno Semmel feiert am 5. August 1994 seinen 65. Geburtstag. Die Autoren der vorliegenden Aufsatzsammlung - alles ehemalige Schüler von Arno Semmel - nehmen diesen Geburtstag zum Anlaß, ihrem verehrten Lehrer mit Berichten über Ergebnisse jüngerer Forschungsarbeiten für sein unablässiges langjähriges Interesse und für seine vielfältige Hilfestellung bei ihrem beruflichen Werdegang zu danken. Bei der Konzeption des vorliegenden Bandes der Frankfurter geowissenschaftlichen Arbeiten wurde nicht an eine Wiederholung eines umfassenden Aufsatzbandes aller Schüler gedacht, wie er bereits 1989 (FGA, Serie D, Bd. 10) publiziert wurde. Diesmal sollten nur Arbeiten von ehemaligen Schülern erscheinen, die in jüngerer Zeit Forschungen in Afrika durchgeführt haben.

Die vorliegenden Arbeiten von J. Heinrich (Frankfurt a. M.), P. Müller-Haude (Frankfurt a. M.) und H. Thiemeyer (Jena) entstanden im Rahmen des Sonderforschungsbereiches 268 "Kulturentwicklung und Sprachgeschichte im Naturraum Westafrikanische Savanne", dessen Mitinitiator, neben Eike Haberland (†), und langjähriger stellvertretender Sprecher Arno Semmel bis zu seinem Ausscheiden aus dem aktiven Hochschuldienst war. Die Einrichtung dieses Sonderforschungsbereiches an der Universität Frankfurt und die damit verbundenen Möglichkeiten für umfangreiche geowissenschaftliche Forschungen in Burkina Faso und Nordost-Nigeria sind zu großen Teilen dem unablässigen Engagement Arno Semmels zu verdanken, der selbst seit über 30 Jahren immer wieder in Teilräumen Afrikas geforscht und darüber publiziert hat. Die Beiträge von J. Swoboda (Frankfurt a. M.) und D. Faust (Eichstätt) entstanden im Rahmen von Forschungs- und Entwicklungshilfeprojekten in Benin und Tunesien. Beide Autoren bauen auf Forschungen in Afrika auf, die sie während ihrer von A. Semmel betreuten Dissertationsarbeiten in GTZ-Projekten gewinnen konnten.

Mit den vorliegenden Arbeiten möchten die Autoren zeigen, daß Arno Semmels geoökologisch orientierte geomorphologisch-bodengeographische Arbeitsrichtung, die sie in seinen zahlreichen Forschungsarbeiten und in seiner Lehre kennengelernt haben, in ihren eigenen Forschungsansätzen angewendet und weitergeführt wird.

Die Herausgeber bedanken sich bei der Schriftleitung für die Unterstützung bei der Fertigstellung des vorliegenden Bandes der Frankfurter geowissenschaftlichen Arbeiten, einer Schriftenreihe, deren Einrichtung auf die Initiative von Arno Semmel zurückgeht, und die er gern und vielbeachtet als Autor genutzt und mitgeprägt hat.

Frankfurt a. M., im August 1994 — Die Autoren

Inhaltsverzeichnis

Frankfurter geowiss. Arbeiten	Serie D	Band 17	7-35	Frankfurt am Main 1994

Desertifikationsprozesse in der nördlichen Sudanzone Westafrikas - Beispiele aus dem Gongola-Becken, NE-Nigeria -

Jürgen Heinrich, Frankfurt am Main

mit 9 Abb. und 7 Tab.

1 Einleitung

Mit dem Begriff "Desertifikation" wird ein geoökologisches Prozeßgefüge bezeichnet, das über gravierende Veränderungen zu irreversiblen Zerstörungen des Naturpotentials führen kann. Ökologische Desertifikationsschäden sind immer Folgen eines komplexen Wirkungsgefüges verschiedenster Faktoren, wobei in vielen Definitionen (s. MENSCHING 1990) temporär wirksamen trocken-klimatischen Bedingungen (Dürren) und anthropogenen Einflüssen als Auslöser aktual-geomorphodynamischer Prozesse eine Schlüsselfunktion zukommt.

Der Desertifikationsbegriff wurde für Afrika vorwiegend auf den Sahel als Risikozone hoher Niederschlagsvariabilität angewandt. Desertifikationsprozesse führen aber in sensiblen Geoökosystemen weltweit zu Schäden im Landschaftshaushalt (vgl. UNCOD 1977). Die natürlichen Ressourcen Vegetation, Boden und Wasserhaushalt werden dabei nachhaltig verändert. Sofern regenerationsfähige Ressourcen (Vegetation) betroffen sind, können langfristige Nutzungsänderungen erzwungen werden. Im schlimmeren Fall schließen fortgeschrittene Desertifikationsprozesse mit einer Zerstörung der in absehbarer Zeit nicht erneuerbaren Bodenressourcen eine weitere landwirtschaftliche Nutzung der betroffenen Gebiete völlig aus.

In der "klassischen Landschaft" rezent wirksamer Desertifikationsprozesse, der ökologisch sehr instabilen Sahelzone in Westafrika, wird bei Desertifikationsprozessen vorrangig eine äolisch geprägte Prozeßdynamik in Gang gesetzt bzw. reaktiviert. Vermutlich ist es die für viele Trockengebiete charakteristische äolische Formung, die den Begriff der Desertifkation in Afrika besonders stark an die Sahelzone gebunden hat. Weit weniger häufig wurde der Begriff bisher für Gebiete angewandt, in denen anthropogen ausgelöste oder beeinflußte aktual-geomorphodynamische Prozesse vorrangig von aquatischen Prozeßbereichen dominiert werden. Diese Einschränkung mag daran liegen, daß ein großes Wasserdargebot als Voraussetzung für aquatische Abtragungs- und Ablagerungsprozesse nicht in Trockenzonen zu passen scheint, wobei übersehen wird, daß in nahezu allen Wüstengebieten aquatische Formungsprozesse in Verbreitung und Aktivität gegenüber der äolischen Formung dominieren. Definitionen des Desertifikationsbegriffs sollten deshalb m. E. anthropogen beeinflußte fluvial/denudative Prozeßbereiche einschließen.

1.1 Fragestellung

Der Desertifikationsbegriff wurde meines Wissens bisher noch nicht für Landschaftsdegradierungen im Bereich der Sudanzone in Westafrika angewandt. Diese Zone wird auch in der kleinmaßstäbigen Übersichtsdarstellung der desertifikationsgefährdeten Landschaftszonen von UNCOD (1977) als nicht oder nur gering gefährdet eingestuft. Durch synoptische Beobachtungen und Interpretationen der jeweils landschaftsprägenden Geofaktoren-Konstellationen und aktual-geomorphodynamischen Prozesse soll im folgenden für drei naturräumlich unterschiedlich ausgestattete Teillandschaften des Gongola-Beckens in der Sudanzone NE-Nigerias geprüft werden, ob die hier beobachtbaren Landschaftsschäden dem Wirkungsgefüge jüngerer Desertifikationsprozesse zugeordnet werden müssen.

Um das Ausmaß jüngerer, anthropogen beeinflußter Landschaftsschäden abschätzen zu können, ist eine Rekonstruktion der ursprünglich vorhandenen natürlichen Geofaktoren-Konstellationen unerläßlich. Es ist ein Schwerpunkt von A. Semmel in Forschung und Lehre, umfassende Analysen des Beziehungsgefüges der Geofaktoren geoökologisch zu interpretieren, um auf dieser Basis praxisorientierte Fragestellungen zu lösen. Dieser methodische Ansatz wurde von A. Semmel in verschiedenen Landschaftszonen, darunter wiederholt auch in der afrikanischen Tropenzone erfolgreich angewandt (z. B. SEMMEL 1978, 1980, 1986, 1987, 1992). Die vorliegende Untersuchung folgt diesem methodischen Ansatz.

2 Untersuchungsgebiete

Die Untersuchungsgebiete liegen im Gongola-Becken (NE-Nigeria) zwischen etwa 10° - 12° n. Br. und etwa 11° - 12° w. L. (vgl. Abb. 1). Klimazonal gehört das Gongola-Becken zum "Tropischen Savannenklima" (Aw) nach KOEPPEN & GEIGER (1926) bzw. zu den "Wechselfeuchten Trockensavannen-Klimaten" (V3) nach TROLL & PAFFEN (1964). Das Jahresmittel der Niederschläge erreicht etwa 800 mm im Norden (Potiskum 806 mm) und ca. 1000 mm am Südrand des Gongola-Beckens (Kaltungo 965 mm); die Jahresdurchschnittstemperaturen betragen etwa 26° C (Potiskum 26,1° C). Im Süden (Kaltungo) dauert die Regenzeit von Anfang Mai bis Mitte Oktober (Kaltungo 172 Tage), im Norden von Anfang Juni bis Ende September (Potiskum 122 Tage; alle Werte nach AITCHISON et al. 1972, Beobachtungszeitraum 1949 - 1961). Die Niederschlagsstruktur wird durch häufige Starkregen charakterisiert, von denen besonders vor und zu Beginn der Vegetationsperiode große erosive Wirkung ausgeht (vgl. NAGEL & NYANGANJI 1991). Die natürliche Vegetationsdecke, vorwiegend "shrub-" und "woodland"-Formationen nach DE LEEUW & TULEY (in AITCHISON et al. 1972), wurde in nahezu allen Teillandschaften durch anthropo-/zoogene Einflüsse bereits zu offenen, lichten Parksavannen mit vereinzelt wachsenden Fruchtbäumen degradiert (vgl. z. B. Abb. 7).

Die Bevölkerung ist in diesen Gebieten sehr heterogen zusammengesetzt. Im Norden des Gongola-Beckens lebten ursprünglich vorwiegend Bole, Karekare und Ngamo, auf dem Kerri-Kerri-Plateau vorwiegend Bole und im Süden des Untersuchungsgebietes Tangale, Waja, Longuda und zahlreiche weitere kleinere sprachlich und z. T. auch kulturell autonome Gruppen. Die zentralen Beckenbereiche sind von Tera und im Osten auch von Bura besiedelt. In den Wohngebieten dieser "autochthonen", heute noch überwiegend von Feldbau lebenden Ethnien wurden in jüngerer Zeit nach Migrationsbewegungen aus Nordwesten zahlreiche verstreut liegende Hausa- und auch Fulani-Siedlungen gegründet. Zusätzlich zu der somit schon recht hohen Bevölkerungsdichte der seßhaften Bevölkerung, die im Durchschnitt im Gongola-Becken bei etwa 100 Einwohnern/km^2 liegen dürfte, durchziehen nomadisierende Fulani-Gruppen mit großen Herden bei ihren saisonalen Wanderungen das Gebiet.

Geologisch-geotektonisch gehört das Gongola-Becken zu einem nördlichen Seitenast des Benue-Troges. Den geologischen Untergrund bilden im Norden quartäre Sedimentgesteine der Chad Formation, im Westen alttertiäre Sandsteinserien der Kerri-Kerri Formation und im zentralen und südlichen Teil des Beckens mächtige, vorwiegend sandig entwickelte oberkretazische Sedimentgesteinsserien (vgl. Abb. 1). Im Süden und Osten des Beckens stehen Gesteine des kristallinen Basements, vorwie-

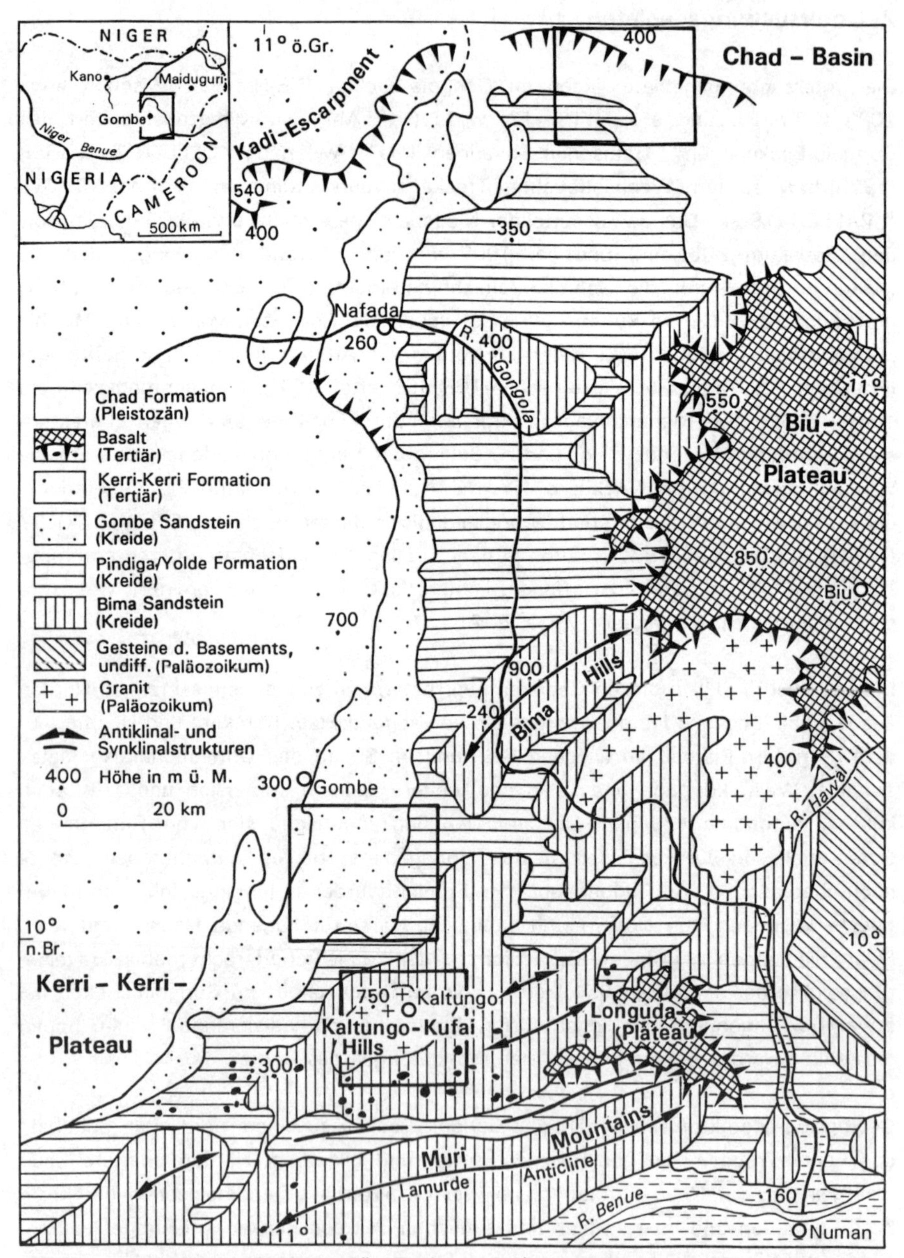

Abb. 1 Lage und geologische Übersicht der Untersuchungsgebiete im Gongola-Becken, NE-Nigeria (nach geol. Karte Nigeria, 1974)

gend Granite, Diorite, Biotit-Granodiorite und feinkörnigere Gneise nahe an der Oberfläche an (CARTER et al. 1963). Weitgespannte Inselberg-Rumpfflächen-Landschaften greifen aus den Kristallingebieten der alten Kratone auf Bereiche mit flachlagernden kreidezeitlichen Sedimentgesteinsserien in den Beckenstrukturen über. Aus steiler einfallenden Schichtpaketen der kretazischen Sedimentgesteinsserien haben sich häufig Schichtkamm- und Schichtstufenlandschaften entwickelt. Den stärker reliefierten Grund- und Deckgebirgslandschaften des südlichen Gongola-Beckens stehen die flachen Abtragungslandschaften der zentralen, westlichen und nördlichen Beckenbereiche gegenüber (vgl. Fig. 2 in HEINRICH 1992).

Geomorphographisch-bodengeographische Untersuchungen auf zahlreichen Flächen zeigten, daß entsprechend der in Südost-Nigeria von ROHDENBURG (1969, 1971) entwickelten Vorstellungen zur Flächengenese auch in den Untersuchungsgebieten weitgespannte, gliederbare Pediplains entwickelt sind. Viele Flächen ließen sich durch eigene Untersuchungen in ein älteres, höher liegendes "p1-" und zwei darin eingeschnittene jüngere "p2-" und "p3- Niveaus" gliedern. Das ältere p1-Niveau wird am Rand des Gongola-Beckens in Wasserscheidenbereichen stellenweise von Resten einer "Altfläche" ("p0-Niveau") überragt. Diese Altflächenreste weisen i. d. R. einen tiefgründig verwitterten Gesteinszersatz auf, der am Top häufig eine Eisenkruste trägt. Auf den Pedimenten fehlen solche lateritischen Paläoböden (Ferricrets). Hier sind zumeist Cambi- oder Acrisols aus geringmächtigen Hillwashs über anstehenden, mehr oder weniger stark verwitterten Festgesteinen entwickelt.

Eine genaue zeitliche Einordnung der Genese dieser Formen ist bisher nicht möglich. Nur für das jüngste p3-Niveau ist nach einer (früh- bis mittelholozänen?) Einschneidungsphase eine nachfolgende Sedimentationsphase während des jüngeren Holozäns belegt, die etwa 2000 a BP verstärkt eingesetzt haben dürfte (vgl. VAN NOTEN & DE PLOEY 1977; BRUNK 1992). Diese Aktivitätsphase entspricht damit vermutlich zeitlich der "Jüngeren Gerinneeintiefung" nach ROHDENBURG (1969) bzw. den holozänen instabilen Phasen A2α oder A3α nach FÖLSTER (1969), jüngeren Formungsperioden, die auch im Relief angrenzender Gebiete nachvollzogen werden können (vgl. z. B. FAUST 1991; SWOBODA, in Druckvorb.). Aufgrund seiner weiten Ausdehnung und Flugsandbedeckung im Norden des Gongola-Beckens wird die Genese des älteren p2-Niveaus von mir in das jüngere Pleistozän gestellt, also als präogolien- bzw. ogolienzeitlich i. S. von MICHEL (1977) eingestuft.

Oberhalb des p2-Niveaus sind stellenweise kleine Reste eines älteren, zeitlich aber noch nicht einzuordnenden p1-Niveaus erhalten geblieben. Dieses Niveau weist i. d. R. tiefgründigere Verwitterungsprofile und Bodenbildungen auf als die Sedimente auf den jüngeren Flächen. Die verschieden alten Flächenniveaus lassen sich deshalb, wie später noch gezeigt werden kann, somit nicht nur geomorphographisch, sondern in einigen Gebieten auch durch verschiedene Bodenbildungen voneinander abgrenzen.

3 Rezente Desertifikationsprozesse auf quartären Sedimentgesteinen am Nordrand des Gongola-Beckens

Am Nordrand des Gongola-Beckens verläuft die Wasserscheide zum Chad-Becken auf altquartären (CARTER et al. 1963) Sedimentgesteinen der Chad Formation. Bei den oberflächennah anstehenden Gesteinen handelt es sich vorwiegend um grobsandige, schluffig-feinsandige oder tonige Lockersedimente. Schluffig-sandige Ablagerungen zeigen örtlich einen hohen Kiesanteil mit z. T. sehr gut gerundeten Quarzkiesen (Ø 20 - 60 mm). Auf diesen Gesteinen sind nördlich der Wasserscheide zwischen Gongola- und Chad-System in sehr flachen Reliefeinheiten großflächig 1 - 2 m mächtige Eisenkrusten entwickelt (p0-Niveau). Lateritische Paläoböden bildeten sich in diesen flachen Reliefeinheiten vermutlich während feuchterer Phasen des Alt- oder Mittelpleistozäns durch absolute Eisen/Mangan-Anreicherungen. Eine Aushärtung der Anreicherungshorizonte erfolgte während einer nachfolgenden Zerschneidungsphase, als sich große Flachmuldentäler auf diesen Flächen bildeten. Südlich des heutigen Wasserscheidenbereichs wurde die Eisenkruste während dieser Zeit von Tributären des River Gongola bis auf wenige mesaartige Krustenzeugenberge flächenhaft ausgeräumt. Die dort anstehenden Lockersedimente der Chad Formation und die nördlich der flachen Geländestufe (10 - 30 m) einsetzenden Eisenkrusten wurden im Spätpleistozän von "ogolienzeitlichen" (MICHEL 1977) Dünensanden des "ancient erg of Hausaland" (GROVE 1958) überlagert. Der Altdünengürtel hat im Untersuchungsgebiet heute seine südliche Grenze bei ca. 11° n. Breite.

Desertifikationsschäden auf landwirtschaftlichen Nutzflächen als Folge reaktivierter äolischer Formung wurden bereits von THIEMEYER (1992) aus weiter nördlich liegenden Teilen dieses Dünengebietes beschrieben. In dem heute weitflächig landwirtschaftlich genutzten Altdünengebiet am Nordrand des Gongola-Einzugsgebietes konnten dagegen von uns bisher keine Hinweise auf eine anthropogen reaktivierte äolische Prozeßdynamik beobachtet werden. Eine starke Abtragung der Flugsanddecken erfolgt hier heute durch fluviale Prozesse im Zuge rückschreitender Erosion, die von zahlreichen kleinen nördlichen Gongola-Tributären ausgeht. Von größeren Gerinnen schneiden sich stark aufgefaserte, feinverästelte vorfluterabhängige Gullysysteme weit nach Norden in die Dünensandbedeckung zurück (vgl. Abb. 2). Die ursprünglich auch weiter südlich der älteren Krustenstufe verbreiteten äolischen Ablagerungen

Abb. 2 Rezente Abtragungsfront der spätpleistozänen Dünensande (Hintergrund) über Sedimenten der Chad Formation (Vordergrund)

Abb. 3 Kiesbedecktes Zerschneidungsrelief in Sedimenten der Chad Formation

wurden deshalb dort bereits bis auf wenige Reste auf einigen großen Krustenmesas ausgeräumt. Neben der Erosion der feinkörnigen Dünensande findet rezent eine Zerschneidung der Chad Sedimente und eine Rückverlegung der Krustenstufe durch lineare, aber auch flächenhaft wirksame Erosionsprozesse statt (s. u.).

Mit der Abtragung der Flugsande wird im Vorfeld des Altdünengebietes in den schwach kiesigen Sedimenten der Chad Formation ein flachwelliges prädünenzeitliches Abtragungsrelief aufgedeckt. Diese älteren Reliefformen, vermutlich handelt es sich um p2-zeitliche Abtragungsformen, sind von einer Kieslage aus z. T. sehr gut gerundeten Quarzkiesen bedeckt. Diese Lage deutet auf eine prädünenzeitliche Abtragungsphase mit einer residualen Anreicherung der im Lockersediment feinverteilten Kiese hin. Noch vor der Ablagerung der Dünensande wurden die Kieslage und die darunter folgenden Chad Sedimente pedogen überprägt. Diese reliktischen Böden, Cromic Cambisols mit Bw-2Bwg-2Cwg-Profil (Ansprache mit leicht veränderten Horizontsymbolen nach FAO 1990), weisen stellenweise noch bis in Profiltiefen von etwa 60 - 80 cm eine kräftige Verbraunung und Verlehmung und schwach entwickelte Pseudovergleyungsmerkmale auf. Der 2Bwg-Horizont geht basal ohne scharf entwickelte Untergrenze in schwach verwitterte lehmig-sandige Sedimentgesteine der Chad Formation über (vgl. auch Analysenwerte in Tab. 1).

Tab. 1 Reliktischer Gleyi-Cromic Cambisol aus verwitterten Residualkiesen und Chad Sedimenten über kiesig-sandigen Ablagerungen der Chad Formation (Wasserscheidenbereich zwischen Chad- und Gongola-Becken)

Proben-Nr.	Horizont	Tiefe	Horizontmerkmale
92/166	Bw	- 40	stark sandiger Ton, kräftig braun (7,5 YR 5/6), subpolyedrisches bis polyedrisches Gefüge, durch Kies-Skelett deutlich begrenzt zum
92/167	2Bwg	- 80	stark sandiger Ton, braun (10 YR 5/3), schwach polyedrisches Gefüge, vereinzelte Kiese und Fe/Mn-Sand-Verkrustungen, kontinuierlicher Übergang zum
92/168	2Cwg	- 130	mittel lehmiger Sand, graubraun (10 YR 6/3), kohärentes bis schwach subpolyedrisches Gefüge, mit vereinzelten gutgerundeten Kiesen (g'-g), schwach rostfleckig

Proben-Nr.	Korngrößenfraktionen in Gew.-%								%	%		mmol/ z•100g	%
	T	fU	mU	gU	fS	mS	gS	pH	Fe_o	Fe_d	$Fe_{o/d}$	T-Wert	V-Wert
92/166	34,8	1,5	2,7	9,4	19,1	14,1	18,4	4,0	0,01	1,85	0,005	n. b.	
92/167	32,2	2,7	6,0	10,9	26,6	13,8	7,8	4,0	0,02	1,61	0,010	12,7	74,3
92/168	11,7	7,1	7,9	9,8	29,6	28,1	5,8	7,5	0,02	0,42	0,050	n. b.	

Auf den Hängen der kleinen hügeligen Formen im Abtragungsrelief (Abb. 3) ist diese Bodenbildung nicht vorhanden. Hier dominieren C-2C(w)-Profile aus Residualkiesen über schwach verwitterten Chad Sedimenten. Diese kleinräumigen Bodendifferenzierungen zeigen, daß nach der Exhumierung des älteren Abtragungsreliefs weitere Zerschneidungen der Geländeoberfläche stattgefunden haben müssen.

Obwohl dieses jüngere Abtragungsrelief nur von lichter Vegetation bedeckt ist (Abb. 3), werden rezent weitere Abspülungsprozesse durch die Residualkieslage an der Geländeoberfläche stark vermindert. Gleichzeitig sind durch die feinmaterialarme Kieslage die Standorte edaphisch sehr trocken und nur schwer durchwurzelbar. Eine Krautschicht ist deshalb, wie in Abb. 2 und Abb. 3 (Regenzeitaufnahmen aus dem Oktober 1990) gut erkennbar ist, kaum entwickelt. Die ungünstigen edaphischen Verhältnisse reduzieren auch die Termitentätigkeit auf diesen Standorten. Bioturbationsprozesse finden kaum noch statt, und es wird deshalb nur wenig abspülbares Feinmaterial aus dem Untergrund durch die Kieslage hindurch an die Geländeoberfläche transportiert. Da auch keine Hinweise auf subterrane Abtragungsprozesse vorliegen, scheint durch die bisher erreichte Mächtigkeit der schützenden Kieslage eine Weiterbildung dieser Abtragungsformen aktuell nicht stattzufinden. Bei den feinkörnigen Sedimenten in den Tiefenlinien zwischen den Hügeln (Vordergrund von Abb. 3) handelt es sich um verspülte Flugsande aus dem Hinterland.

Mit der vollständigen Erosion der Dünensande ist eine feldbauliche Nutzung dieser Standorte im hügeligen Abtragungsrelief nicht mehr möglich. Feldbau bleibt im Bereich der Chad Sedimente deshalb vorwiegend auf jüngere Terrassenablagerungen entlang der größeren Gerinne beschränkt. Auf diesen Flächen finden aber nach Starkregen sehr häufig Umlagerungen der Sedimente statt. Eine Nutzung erfolgt deshalb vorwiegend auf kleinen Flächen mit Sonderkulturen (Tomaten, Paprika etc.) erst nach der Regenzeit im Bewässerungsfeldbau. Wasser wird aus flachen Brunnen in den Flußsedimenten geschöpft.

Mehrere Wüstungen belegen frühere anthropogene Einflüsse auf die Vegetations- und Bodendecke in dieser Landschaft. Das Alter einer Keramikscherbe aus einer Wüstung konnte mit Hilfe einer TL-Datierung auf 1270 A. D. (+/- 54 RFTL94:He93K1 fg) bestimmt werden. Zahlreiche Spuren ehemaliger Siedlungen sind nur auf größeren mesaähnlichen Verflachungen im hügeligen Abtragungsrelief erhalten geblieben. In diesen Reliefeinheiten liegen stellenweise noch geringmächtige Reste der spätpleistozänen Flugsanddecken mit stark erodierten Bodenprofilen aus Flugsand (ähnlich Probe 92/165 in Tab. 2) über Eisenkrusten oder verwitterten Chad Sedimenten vor. Vollständiger erhaltene Bodenprofile aus Dünensanden über Sedimenten der Chad Formation im nördlich anschließenden Wasserscheidenbereich zeigen dagegen die Bodenhorizontabfolge Ap-Bwg-Cwg. Die dort entwickelten (pseudovergleyten) Gleyi-Cromic Arenosols weisen, obwohl auch diese Profile vermutlich bereits durch Erosion verkürzt wurden, häufig noch Entwicklungstiefen von 1 - 2 m auf (vgl. auch Profilbeschreibungen und Analysenwerte in Tab. 2). In der Umgebung der ehemaligen Wüstungen unterliegen die anstehenden feinkörnigen Flugsande heute noch - nachdem die feldbauliche Nutzung bereits vor ein bis zwei Generationen aufgegeben wurde (mündl. Mitt. d. Bevölkerung) - starken, flächenhaft wirksamen Abspülungsprozessen (vgl. Abb. 4).

Tab. 2 Gleyi-Cromic Arenosol aus spätpleistozänen Flugsanden am Südrand des Altdünengebietes im Wasserscheidenbereich zwischen Chad- und Gongola-Becken)

Proben-Nr.	Horizont	Tiefe	Horizontmerkmale
92/164	Bwg	- 120	mittel toniger Sand, kräftig braun (7,5 YR 5/6), Kohärentgefüge, mit zahlreichen pisolithähnlichen Fe/Mn-Sand-Verkrustungen (Ø ca. 1 cm), undeutlicher Übergang zum
92/165 kohä-	Cwg	- 250 +	schwach toniger Sand, bräunlichgelb (10 YR 6/8), schwach rent, mit vereinzelten Kiesen und rundlichen Fe/Mn-Sand-Verkittungen (Ø < 1 cm)

Proben-Nr.	Korngrößenfraktionen in Gew.-%								%	%		mmol/ $z \cdot 100g$	%
	T	fU	mU	gU	fS	mS	gS	pH	Fe_o	Fe_d	$Fe_{o/d}$	T-Wert	V-Wert
92/164	18,5	0,4	1,6	8,9	46,4	17,9	6,4	3,7	0,02	0,83	0,020	8,3	25,1
92/165	13,0	1,1	1,5	9,1	50,1	16,0	9,2	3,7	0,01	0,67	0,020	n. b.	

Die angrenzenden geschlossenen Altdünengebiete im Wasserscheidenbereich zum Chad-Becken mit wasser- und nährstoffarmen Arenosols aus Dünensanden (vgl. Tab. 2) werden großflächig acker- (Pflug-) und feldbaulich (Hackbau) genutzt. Es wird vorwiegend *Pennisetum*, seltener auch *Sorghum* gepflanzt. Wohl aufgrund der recht ungünstigen Feldkapazität der Böden erfolgt der Hirse-Anbau zumeist weitständig in Monokultur. Auf besseren Böden in der Umgebung findet sonst i. d. R. ein gemischter Anbau mit bodendeckenden Kulturarten, vorwiegend *Leguminosen*, statt. Der geringe Deckungsgrad dieser Kulturarten auf sandigen Standorten begünstigt deshalb während der gesamten Vegetationsperiode selbst in dem sehr flachen Dünenrelief kräftige Abspülungsprozesse. Es erfolgt eine verstärkte Wasserzufuhr in die Tiefenlinien des Dünenreliefs, die am Rand der rezenten Abtragungsfront die Gullyentwicklung fördert. Zahlreiche Gullies tasten deshalb, wie sich in Satellitenaufnahmen dieses

Gebietes nachweisen ließ, zunächst flachen Depressionen im Dünenrelief nach. Bodenzerstörung und eine vollständige Abtragung der Dünensande sind unübersehbare Folgen (Abb. 2).

In den bereits länger offengelassenen Gebieten konnte sich nach vollständiger Erosion der Böden aus Dünensanden bisher keine dichtere Vegetationsdecke wieder einstellen (Abb. 4). Diese stark reduzierte Regenerationsfähigkeit der Vegetation auf den mittlerweile edaphisch sehr ungünstigen Standorten wird neben den erosivbedingt verschlechterten Bodeneigenschaften auch durch Brennholzentnahmen und durch eine Beweidung dieser Standorte beeinflußt. Verbiß und Vertritt haben das Artenspektrum der Baum-, Strauch- und Grasvegetation in den stark überweideten Arealen auf sehr wenige Species reduziert. Auf edaphisch trockenen Flächen dominieren heute als Folge anthropo-/zoogener Einflüsse *Balanites aegyptiaca* (Abb. 3), neben *Acacia species, Piliostigma reticulatum*, verschiedenen *Combretaceen* und *Guira senegalensis*. Trockene, nährstoffarme Standortverhältnisse werden in der Krautschicht von offenen *Loudetia togoensis*-Beständen charakterisiert.

Von rückschreitender Erosion ist aktuell auch die Krustenstufe betroffen. Oberhalb der Stufe fehlen auf einem mehrere 100 m breiten Streifen bereits die Dünensande, und die Eisenkruste steht an der Geländeoberfläche an. An die edaphisch extrem ungünstigen Verhältnisse der hier nun verbreiteten Lithic Leptosols ist eine schüttere Strauchvegetation gebunden, die häufig Reinbestände aus *Guiera senegalensis* aufweist. Die schüttere Vegetationsbedeckung fördert den Oberflächenabfluß, der trotz eines gut wasserdurchlässigen Gefüges des hohlraumreichen vesikulär entwickelten Krustenhorizonts in Rillen und Rinnen über die Stufe hinwegtritt und unterhalb der Krustenausbisse in den feinkörnigen sandigen Sedimenten der Chad Formation eine intensive Gully-Bildung und in tonigeren Ablagerungen einen flächenhaften Abtrag fördert. Da in beiden Fällen die Eisenkruste unterschnitten wird, findet rezent eine aktive Rückverlegung der Stufenfront statt. Das wenig zementierte, hohlraumreiche Krustenmaterial erfährt bei gravitativer Verlagerung und aquatischem Transport sehr rasch eine Zerkleinerung. Bereits in geringer Distanz zur Krustenstufe ist deshalb nur noch eine dünne pisolithartige Eisenkrustenstreu an der Geländeoberfläche entwickelt (vgl. auch MÜLLER-HAUDE 1994).

Auf Pedimenten unterhalb der Krustenstufe, die vorwiegend auf anstehenden tonigen Sedimentgesteinen entwickelt sind, findet rezent flächenhafter Abtrag und Transport in einem dichten Netz aus sehr flachen Rillen und Rinnen statt. Es erfolgt damit eine flächenhafte Tieferlegung des Krustenvorlandes und gleichzeitig ein langsames Zu-

Abb. 4 Flächenhafte Abtragung von Flugsanden durch "Picopedimentation" am Nordrand des Gongola-Beckens

Abb. 5 Vegetationsbedeckte lineare Zerschneidungsformen unterhalb einer Krustenstufe in Sedimenten der Chad Formation

rückweichen des Rückhanges. Diese Formungsdynamik ist auf Bereiche mit nahezu fehlender Vegetationsbedeckung über edaphisch trockenen tonig-kiesigen Lockergesteinen gebunden. Als Folge anthropogener Vegetationsauflichtungen oder -zerstörungen finden damit heute unter quasinatürlichen Verhältnissen Pedimentationsprozesse statt. Weitere sichere Hinweise auf aktive, flächenhaft wirksame Abtragungsprozesse sind verbreitete Rohböden (Leptosols) aus anstehenden, unverwitterten Lockersedimenten der Chad Formation.

In schluffig-sandigen Sedimentgesteinen der Chad Formation dominieren dagegen lineare Zerschneidungsformen. Hier haben sich tiefer eingeschnittene Gullysysteme gebildet. Die Entwicklung dieser Gullysysteme wird von den weniger bindigen, leichter ausräumbaren sandigen Sedimentgesteinen begünstigt. Aktive und inaktive, vegetationsbewachsene Formen liegen häufig nebeneinander vor. Dichtere Vegetationsbedeckung ist auf die Tiefenlinien älterer Gullies beschränkt, die Interfluves sind dagegen häufig völlig vegetationsfrei (vgl. Abb. 5, Regenzeitaufnahme, Oktober 1990). Die Vegetationsentwicklung in den Tiefenlinien der linearen Erosionsformen ist einerseits auf die schlechte Zugänglichkeit für das Vieh zurückzuführen, andererseits wird das Vegetationsaufkommen hier durch eine bessere Wasserversorgung dieser Standorte begünstigt. Das Artenspektrum der Strauchvegetation zeigt dabei vorwiegend Species, deren Vitalität von den aktuell noch stattfindenden und häufig wechselnden Abtragungs- oder Überschüttungsprozessen kaum beeinflußt wird. Hierzu gehören vorrangig *Piliostigma reticulatum* und einige *Combretaceen*. Diese Arten zeichnen sich infolge ihrer Fähigkeit zu vegetativer Vermehrung, z. B. Wurzelschößlinge, durch große Konkurrenzstärke auf extremen Standorten, z. B. auch auf allen Ackerflächen, aus. Rezente Abtragungsprozesse betreffen deshalb zur Zeit vorwiegend die schmalen Interfluves zwischen den Gullies (Abb. 5). Durch Reliefumkehr kann es auch in diesen Bereichen längerfristig zu einer flächenhaften Tieferlegung des Krustenstufenvorlandes kommen.

Als Folge der rezent wirksamen Abtragungsprozesse ist die freigelegte und dabei weiter überformte prädünenzeitliche Geländeoberfläche durch die nun herrschenden, edaphisch trockenen Standortverhältnisse für Feldbau nicht mehr geeignet. Da die Regenerationsfähigkeit der Vegetation sehr eingeschränkt ist, sind diese Gebiete auch als Weideflächen kaum noch nutzbar. Am Nordrand des Gongola-Beckens sind bereits große Gebiete von diesen anthropogen beeinflußten irreversiblen Landschaftsschäden betroffen. Es erscheint deshalb m. E. gerechtfertigt, im vorliegenden Fall von fortgeschrittenen Desertifikationsprozessen zu sprechen.

4 Desertifikationserscheinungen in hügeligen Reliefeinheiten aus kreidezeitlichen Gombe Sandsteinen

Am Ostrand des Kerri-Kerri-Plateaus haben sich zwischen Nafada und Gombe in Sedimentgesteinen der kreidezeitlichen Gombe Formation (vgl. Abb. 1) stärker reliefierte Abtragungslandschaften entwickelt. Während über den westlich anschließenden Sedimenten der tertiären Kerri-Kerri Formation - es handelt sich bei diesen vorwiegend um wenig verfestigte fein- bis grobsandige Sandsteine - ein flachgeneigter Geländeanstieg zu den weiten zentralen Plateauflächen entwickelt ist, stehen im hügeligen Relief der "Gombe Hills" Sedimentgesteine der oberkretazischen Gombe Formation an. Diese Sedimentgesteine weisen einen Gesteinswechsel aus sehr dünnlagigen, nur schwach verfestigten, schluffig-feinsandigen Sandsteinen und nur wenige Zentimeter bis zu einigen Dezimeter dicken, stark verfestigten, aber in situ grobblockig zerbrochenen eisenreichen Sandsteinen auf.

An anstehende Gombe Sandsteine ist eine Geländestufe gebunden, die in Hügel- oder Hügelketten ("Gombe Hills") aufgelöst ist (Abb. 6). In der Umgebung von Gombe ließ sich in Aufschlüssen beobachten, daß diese Reliefmerkmale bereits in groben Zügen vor der Überdeckung dieses Gebietes mit alttertiären Kerri-Kerri Ablagerungen existiert haben müssen. Die Freilegung dieser prätertiären Reliefformen muß, da tiefgründig entwickelte tertiäre Verwitterungsrelikte im Bereich der Gombe Hills nicht erhalten sind, wohl überwiegend auf pleistozäne Abtragungsprozesse zurückgeführt werden. Inwieweit die prä-kerri-kerri-zeitlichen Reliefmerkmale im Zuge quartärer Abtragungsprozesse weiter überformt wurden, läßt sich heute nicht mehr einschätzen, da mit Ausnahme geringmächtiger Schuttdecken auf den Hängen der Gombe Hills korrelate Sedimente älterer Abtragungsphasen im Gongola-Becken nicht erhalten geblieben sind.

Nur aus dem jüngeren Holozän wurden z. T. mehrere Meter mächtige feinkörnige Sedimente überliefert, die in Tiefenlinien zwischen den Gombe Hills abgelagert wurden. Mittels mehrerer ^{14}C-Datierungen an Holzkohlen aus diesen Sedimenten ließ sich das Alter dieser Talfüllungen auf max. 2000 a BP festlegen (vgl. VAN NOTEN & DE PLOEY 1977; BRUNK 1992). Eine verstärkte Sedimentakkumulation fand seit etwa 700 Jahren statt (BRUNK 1992). Die Sedimente enthalten vielerorts bis zur Basis Keramikscherben, die auf eine Präsenz des Menschen während der Sedimentgenese in diesen Gebieten hinweisen.

Ältere Sedimentdecken beschränken sich auf blockreiche Residualschuttdecken aus eisenzementierten Sandsteinen (Eisensteine), die zumeist 20 - 30 cm, aber auch bis zu 120 cm mächtig sind. Diese Schutte bedecken diskordant die in situ anstehenden Gesteine auf den Hängen der Gombe Hills. Geringmächtige Schutte sind aber auch in den Tiefenlinien unter den jungholozänen Ablagerungen verbreitet (vgl. Tab. 5). Diese Schuttdecken setzen sich neben stark wechselnden Feinmaterialanteilen vorwiegend aus dicht gelagerten, dünnen Eisensteinbrocken zusammen. Mächtiger entwickelte (ältere) Schuttdecken sind nur auf sehr flach geneigten Hängen von Gombe Hills am östlichen Verbreitungsrand der Gombe Sandsteine entwickelt. Zumeist sind diese Schutte tiefgründig pedogen überprägt, wobei die Bodenbildung 1 - 2 m tief in die anstehenden Sandsteine hineingreifen kann. Das grobe Schuttmaterial ist hier durch eine ton-/eisenreiche Matrix stark verkittet. Reliefposition und Intensität der Verwitterungsprofile weisen vermutlich reliktische prä-holozäne Bodenbildungen aus. Eine ähnliche Verwitterungsintensität, die sich u. a. in sehr hohen pedogenen Eisengehalten darstellt (vgl. Tab. 3), zeigen auch Bodenbildungen, die im südlichen Gongola-Becken auf das ältere p1-Flächenniveau beschränkt sind. Die überwiegend flachen Gombe Hills unterliegen vermutlich bereits schon sehr lange subaerischer Verwitterung. Die Bodentypen aus mächtigen Schutten lassen sich unter Berücksichtigung der Eisenanreicherungen als reliktische Ferralic Cambisols beschreiben (vgl. Tab. 3).

Tab. 3 Reliktischer Ferralic Cambisol aus stark verwittertem älterem Residualschutt über anstehenden, tiefgründig verwitterten Gombe Sandstein-Eisenstein-Wechsellagen (Südostrand des Kerri-Kerri-Plateaus, SW von Gombe)

Proben-Nr.	Horizont	Tiefe	Horizontmerkmale
92/58	C(w)	- 10	mittel- bis grobsteiniger Residualschutt aus dunkelgrauen, z. T. oxidpatinierten Eisensteinbrocken, nahezu feinmaterialfrei, scharfer Übergang zum
92/59	2Bws	- 100	Skelettboden (scherbiger Residualschutt aus ferritisch gebundenen Sandsteinen, Eisensteinen) mit sandig-tonigem Lehm bis lehmigem Ton in der Matrix, rötlichgelb (7,5 YR 6/6) Subpolyedergefüge, an der Basis dünne Eisensteinlagen in situ, bodenartlich kontinuierlicher Übergang zum
92/60	3Bws	- 300 +	mittel toniger Lehm, hellbraun (10 YR 7/4), polyedrisch-scherbiges Gefüge, sehr stark steinig, mit dünnen, zerbrochenen Eisensteinlagen in situ

Proben-Nr.	Korngrößenfraktionen in Gew.-%								%	%		mmol/ z•100g	%
	T	fU	mU	gU	fS	mS	gS	pH	Fe_o	Fe_d	$Fe_{o/d}$	T-Wert	V-Wert
92/58			Steine										
92/59	44,2	6,8	5,9	14,6	16,3	2,0	10,2	4,3	0,02	3,39	0,006	5,9	11,7
92/60	40,0	10,6	13,1	15,4	19,5	2,0	4,0	4,8	0,01	2,57	0,004	n. b.	

Weiter verbreitet sind auf den Hängen der Gombe Hills hingegen geringmächtigere, noch kaum verfestigte, und deshalb offensichtlich jüngere Schutte mit nur schwacher pedogener Überprägung (vgl. Tab. 4). Es handelt sich vorwiegend um Haplic Cambisols. In beiden Fällen sind die schuttbedeckten Standorte edaphisch trocken und für viele Arten der Krautschicht kaum durchwurzelbar. Eine feldbauliche Nutzung ist selbst auf flachen Hängen nicht möglich. Auf vielen Hügeln herrscht eine lichte offene Busch-Vegetation vor, in der *Combretaceen* (Abb. 7) und *Guiera senegalensis* dominieren. Die relative Artenarmut kennzeichnet die edaphische Trockenheit und gleichzeitig fortgeschrittene Überweidungsschäden auf diesen Standorten (vgl. Kap. 3).

Tab. 4 Haplic Cambisol aus geringmächtigen, feinerdearmen Residualschutten aus ferritisch gebundenen Sandsteinbrocken (Eisensteinen) über schwach verwitterten Gombe Sandsteinen in situ (Unterhangbereich eines Gombe Hills, S von Gombe)

Proben-Nr.	Horizont	Tiefe	Horizontmerkmale
92/119	BwCw	- 10	Skelettboden aus oxid-patinierten Eisensteinen mit geringem Feinmaterialanteil aus schwach lehmigem Sand, hellbraun (10 YR 6/3), Einzelkorngefüge, schwach humos, durch wechselnden Steingehalt deutlicher Übergang zum
92/120	2C(w)	- 60	mittel sandiger Lehm, hellbraun (10 YR 7/3) schwach entwickeltes Koharentgefüge, stark steinig, mit dünnen Eisensteinlagen in situ, undeutlicher Übergang zum
	2C	- 100 +	anstehende, wenig verfestigte, schluffig-feinsandige Gombe Sandsteine, zahlreiche Eisensteinlagen in situ (undeutliche Verwitterungsmerkmale)

Proben-Nr.	Korngrößenfraktionen in Gew.-%								%	%		mmol/ z•100g	%
	T	fU	mU	gU	fS	mS	gS	pH	Fe_o	Fe_d	$Fe_{o/d}$	T-Wert	V-Wert
92/119	7,3	3,5	6,9	29,1	29,0	5,0	19,2	5,9	0,001	0,89	0,010	5,3	57,3
92/120	16,2	6,7	9,4	21,6	29,0	4,0	12,8	5,1	0,01	0,77	0,010	n. b.	

Die heute vorliegenden ungünstigen Standortverhältnisse auf den Gombe Hills entstanden m. E. durch Erosionsprozesse, die seit dem jüngeren Holozän unter Einfluß des Menschen stattgefunden haben. Einen Hinweis darauf liefern die mächtigen, feinkörnigen jungholozänen Ablagerungen in den Tiefenlinien zwischen den Gombe Hills. In kleineren Tälern und in Talschlüssen läßt sich nachweisen, daß diese jungholozänen Abschwemmassen aus feinkörnigen Sedimentdecken hervorgegangen sein

Abb. 6 Gombe Hills (Hintergrund) mit ackerbaulich genutzten jungholozänen Ablagerungen in den Tiefenlinien (Vordergrund)

Abb. 7 Typische Vegetationsbedeckung auf einem "Gombe Hill"

müssen, die in diesen engbegrenzten Einzugsgebieten ursprünglich die steinigen, z. T. blockreichen Schuttdecken auf den Hängen überlagert haben. Das feinkörnige Material wurde vermutlich erst infolge anthropogen initiierter Vegetationsauflichtungen von den Hängen abgespült und in nahe angrenzenden, zu dieser Zeit vermutlich noch vegetationsbestockten Tiefenlinien wieder sedimentiert.

Die von den Hängen abgespülten feinkörnigen Hillwash Sedimente und dort noch vorliegenden, pedogen kaum überprägten Grobschutte über anstehenden Gesteinen (vgl. Tab. 4) stehen damit m. E. genetisch in engem Zusammenhang. Heute noch läßt sich beobachten, daß auf den Hängen der Gombe Hills durch Bioturbation (Termiten, Ameisen etc.) vorwiegend feinsandiges Material aus den liegenden Sedimentgesteinen durch z. T. mächtige steinige Schuttdecken hindurch an die Geländeoberfläche transportiert wird. Es wird von dort bei nur geringem Erosionsschutz durch die lichte Vegetationsbedeckung (Abb. 7) selbst in schwach geneigten Reliefeinheiten schnell und vollständig mit dem Oberflächenabfluß abgespült, z. T. aber auch während der Trockenzeit verweht. Mit dem biogenen Austrag von sandigem Feinmaterial aus dem Untergrund ist gleichzeitig eine sukzessive residuale oberflächennahe Anreicherung der Eisensteinbrocken aus den anstehenden Eisensteinlagen verbunden. Die Schutte auf den Gombe Hills entstanden deshalb m. E. als kaum transportierte Residualschutte durch selektiven Abtrag.

Unter anthropogen noch ungestörten, vielleicht auch klimatisch günstigeren, feuchteren Bedingungen des späten Mittleren Holozäns waren die Hügel vermutlich mit dichterer Vegetation bestockt. Unter diesen Verhältnissen ist als Folge von Bioturbationsprozessen eine Akkumulation von Feinmaterial auch in stärker geneigten Hanglagen vorstellbar. Auf den Gombe Hills dürften deshalb noch mächtigere feinkörnige Sedimentdecken vorgelegen haben, als unter dem Einfluß des Menschen die schützende Vegetationsbedeckung zunächst wohl nur partiell zerstört wurde. Mit diesen anthropogenen Eingriffen unterlagen die feinkörnigen Hillwashs starken Abspülungsprozessen.

Für eine langsame, zunächst nur partiell wirksame Zerstörung der Vegetationsdecke spricht die Beobachtung, daß entlang der Tallängsprofile die jungholozänen Sedimente in den Tiefenlinien einen sehr heterogenen Aufbau zeigen. Dabei werden mächtige, vorwiegend sandige Ablagerungen stellenweise und recht unregelmäßig (vgl. dagegen aber BRUNK 1992) von deutlich entwickelten fAh-Horizonten gegliedert. Diese ehemaligen Oberböden dokumentieren Stagnationsphasen während der Sedimentgenese. Häufig zeichnen die fAh-Horizonte schwach geneigte Oberflächen flacher Schwemmfächer nach, die nicht unbedingt zeitgleich an verschiedenen Stellen in den ehemaligen Tiefenlinien entstanden sein dürften. In einem heterogen zusammengesetzten Sedimentaufbau machen sich deshalb wohl lokal wirksame Abtragungsprozesse bemerkbar, die wahrscheinlich nach Rodungen bei shifting cultivation auf den angrenzenden Hängen auftraten.

Solche Erosionsprozesse auf den Hängen der Gombe Hills wurden auch durch lokale Eisenverhüttungen gefördert. Wann die Eisengewinnung in diesem Gebiet begann und wieder aufgegeben wurde, ist nicht bekannt. Zahlreiche ehemalige Eisenverhüttungsplätze wurden durch Brennofen- und Schlackenreste überliefert. Als Rohmaterial dienten die Eisensteinbrocken der Residualschuttdecken von den Hängen. Stellenweise wurden dafür die Eisenstein-Residualschutte flächenhaft abgeräumt. Die freigelegten anstehenden feinsandigen Sedimentgesteine unterliegen an diesen Stellen heute immer noch starker Abspülung. Auch an diesen Standorten konnte sich die Vegetationsdecke, wie in der Umgebung der bereits schon lange offengelassenen Siedlungen auf Flugsanden im nördlichen Gongola-Becken, bis heute nicht wieder regenerieren.

Die relativ flachen Areale mit mächtigen jungholozänen Ablagerungen zwischen den Gombe Hills sind heute bevorzugte Feldbaustandorte (Vordergrund in Abb. 6). Bodenbildungen aus diesen jungen Sedimenten gehen zumeist über schwach laminierte sandige Luvic Fluvisols oder Luvic Arenosols nicht hinaus. Im engeren Bereich der zentralen Tiefenlinien sind dagegen in stellenweise über 4 m mächtigen Talfüllungen reliktische Gleysols entwickelt. Neben fossilen Ah-Horizonten, die auf die bereits oben angesprochene zyklische Sedimentgenese hinweisen, zeigen die Sedimente hier ehemalige hydromorphe Einflüsse (Naßbleichungen und Rostflecken). Stellenweise hat in reliktischen Go-Horizonten eine kräftige Eisenanreicherung stattgefunden, die, nach einer Absenkung des Grundwasserspiegels, zu ca. 1 m mächtigen krustenähnlichen Verhärtungen geführt hat. In der Regel weist aber der gesamte Profilaufbau in diesen Reliefpositionen unterschiedlich stark entwickelte reliktische Gleymerkmale auf (vgl. auch Profilbeschreibung in Tab. 5)

Absenkungen des Grundwasserspiegels sind in diesen Reliefeinheiten Folgen einer ubiquitären Zerschneidung, die erst seit kurzer Zeit diese mächtigen Talfüllungen erfaßt hat. Die meisten Gerinne haben sich durch diese Sedimente bereits mehrere Meter tief in die kaum verfestigten anstehenden Gombe Sandsteine eingeschnitten. BRUNK (1992) führt diese aktual-geomorphodynamischen Prozesse auf eine jüngere Besiedlungsphase und Intensivierung der Landnutzung in diesen Gebieten zurück, die erst seit wenigen Jahrzehnten verstärkt stattgefunden hat.

Tab. 5 Reliktischer Plinthic Gleysol aus jungholozänen Abschwemmassen über in situ anstehenden Gombe Sandsteinen in einer Tiefenlinie zwischen Gombe Hills, SE von Gombe

Proben-Nr.	Horizont	Tiefe	Horizontmerkmale
92/125	Bwg	- 140	schwach sandiger Lehm (usL), hellbraun (10 YR 7/4), Kohärentgefüge, mit sehr feiner Rostfleckung, schwach steinig-kiesig, ohne deutliche fluviale Schichtungsmerkmale, deutlicher Übergang zum
92/126	2Bsg	- 200	mittel toniger Sand mit z.T. schwartigen Fe/Mn-Sand-Verkittungen, wenig kompakt, schwach kiesig, deutlicher, scharfer Übergang zum
92/127	3Cg	- 400	Sand, hellbraun (10 YR 7/3), Einzelkorngefüge, schwache Rostfleckung, zahlreiche Feinsteine/-kiese, aber ohne deutliche fluviale Schichtungsmerkmale, scharfer Übergang zum
92/128	4Cg	- 450	mittel toniger Sand, grau- bis rötlichbraun marmoriert, undeutlich geschichtet, vereinzelt Fein- bis Mittelkiese/-steine, scharfe Grenze zum
	5Cg	- 470	scherbiger Eisenstein-Schutt, deutlich nach unten begrenzt;
	6Cg	- 550 +	schluffig-feinsandige Gombe Sandsteine in situ

Proben-Nr.	Korngrößenfraktionen in Gew.-%								%	%		mmol/ z • 100g	%
	T	fU	mU	gU	fS	mS	gS	pH	Fe_o	Fe_d	$Fe_{o/d}$	T-Wert	V-Wert
92/125	20,4	7,9	13,1	22,8	34,4	1,3	0,2	4,8	0,02	0,72	0,030	n. b.	
92/126	18,5	3,0	2,3	8,6	40,0	18,2	9,4	5,0	0,01	1,51	0,007	n. b.	
92/127	3,0	0,3	0,3	3,1	24,5	55,0	13,8	6,0	0,01	0,05	0,080	n. b.	
92/128	18,7	0,4	0,3	2,3	13,0	40,7	24,6	5,0	0,01	0,34	0,030	n. b.	

Vergleiche von multitemporal aufgenommenen Luftbildern (1950, 1964, 1978) zeigen eine Gerinnebettverbreiterung und ein Gullywachstum um viele Dekameter innerhalb weniger Jahre (BRUNK mündl. Mitt. 1994).

Für das stärker differenzierte Relief der Gombe Hills zeigt sich damit, wie für die bereits oben vorgestellten Gebiete am Nordrand des Gongola-Beckens, der starke Einfluß des wirtschaftenden Menschen bei der Zerstörung der natürlichen Ressourcen Vegetation, Boden und Wasserhaushalt (Absenkung des Grundwassers). Die sicherlich schon anthropogen beeinflußte Abtragung der feinkörnigen Hillwashs von den Hängen der Gombe Hills hat in den stärker geneigten Reliefeinheiten bereits früh zur edaphischen Standortverschlechterung geführt, die eine landwirtschaftliche Weiternutzung der Hänge (Ausnahme Beweidung) nicht mehr zuließ, und die gleichzeitig die Regenerationsfähigkeit der natürlichen Vegetation eingeschränkt hat.

Durch Akkumulation der korrelaten Sedimente der Bodenerosion (Solumsedimente) in den Tiefenlinien des Reliefs entstanden dabei mächtige Sedimentkörper, die erst seit wenigen Jahrzehnten stark genutzt werden. Die vollständige Umwandlung der zuvor dichten woodland-Vegetation in Ackerflächen, hat schon in sehr kurzer Zeit entlang der Tiefenlinien zu starken linearen Erosionsprozessen geführt. Eine rasante Entwicklung dieser Formen mit einer Gerinneeintiefung bis in die anstehenden kreidezeitlichen Sedimentgesteine, die nun erfolgende laterale Verbreiterung der Gerinnequerschnitte und die Entwicklung zahlreicher abhängiger verzweigter Gullysysteme führen nun zur raschen Zerschneidung und Ausräumung der mächtigen jungholozänen Ablagerungen.

Das geomorphodynamische Prozeßgefüge hat sich damit als Folge einer zunehmenden Intensität des anthropogenen Einflusses erst in jüngerer Vergangenheit in diesem Gebiet signifikant geändert. Während noch bis vor wenigen Jahrzehnten eine Ablagerung der abgetragenen Solumsedimente in angrenzenden, engbenachbarten Tiefenlinien des Reliefs erfolgen konnte, findet heute wohl vorwiegend infolge flächenhafter Vegetationszerstörung und der damit verbundenen Zunahme des Oberflächenabflusses in allen Reliefeinheiten des gesamten Gongola-Einzugsgebietes ein Durchtransport der Sedimente zu den lokalen Vorflutern und über diese und den Gongola aus dem Gongola-System heraus statt.

5 Vegetations- und Bodenzerstörung im kristallinen Grundgebirge

Ein weiteres Beispiel für anthropogen beeinflußte Abtragungsprozesse und fortgeschrittene, z. T. bereits irreversible Zerstörungen der Vegetations- und Bodenressourcen bilden die Kristallingebiete im Gongola-Becken. Weit voneinander entfernt liegende Gebiete, z. B. am Südrand des Biu-Plateaus und die Kaltungo-Kufai Hills im südlichen Gongola-Becken (vgl. Abb. 1), zeigen ähnliche Formen und werden rezent von derselben Prozeßdynamik geprägt. Die folgenden Beispiele stammen aus den Kaltungo-Kufai Hills (vgl. Abb. 1).

Im Vergleich zu den Inselberg-Flächenlandschaften der westafrikanischen Savanne auf alten Kratonen (vgl. MÜLLER-HAUDE 1994; SWOBODA 1994) fehlen auf den kristallinen Gesteinen im südlichen Gongola-Becken die sonst dort mächtig entwickelten Paläoböden mit Eisenkrusten und tiefgründig saprolithisierten anstehenden Gesteinen. Weitgespannte Flächeneinheiten mit tiefgründig entwickelten Verwitterungsbildungen mögen auch hier noch zu Beginn des Quartärs existiert haben. Korrespondierende Höhenniveaus in etwa 600 m ü. M. am Fuß der größeren Inselberge und Inselgebirge der Kaltungo-Kufai-Hills weisen möglicherweise auf solche älteren Vorformen hin. Mächtige lateritische Eisenkrusten fehlen heute aber vollständig, und Reste eines tiefgründigen saprolithisierten Gesteinszersatzes sind nur noch an wenigen Stellen vorhanden.

Getreppte Pediplains sind neben Inselbergen heute die reliefbestimmenden Formenelemente. Sie leiten von den steileren Rückhängen der Inselberge mit durchschnittlichen Neigungen um 2° zu den Vorflutern über. Auf diesen Pediplains lassen sich die bereits oben angesprochenen drei Pedimentniveaus morphographisch und stellenweise auch noch pedologisch voneinander abgrenzen (vgl. Tab. 6 u. Tab. 7).

Tab. 6 Ferralic Acrisol aus jüngerem Hillwash über älterem Hillwash/Saprolith und verwittertem anstehendem Biotit-Granodiorit (östl. Ortsrand von Kaltungo)

Proben-Nr.	Horizont	Tiefe	Horizontmerkmale
90/82	EB	- 50	schwach lehmiger Sand, kräftig braun (7,5 YR 5/6), Bodenskelett aus verwittertem Granitgrus (Fein- und Mittelgrus), schwach steinig, in der Matrix Einzelkorn- bis schwach entwickeltes Kohärentgefüge, deutlich begrenzt zum
90/83	2Bt	- 100	stark sandiger Ton, kräftig braun (7,5 YR 5/6), in der Matrix subpolyedrisches Gefüge, > 50% stark verwitterter Granitgrus, an der Basis undeutlicher Übergang zu primärem Gesteinsgefüge
90/84	3Bt	- 150 +	stark sandiger Ton, gelblichbraun (10 YR 5/6), in der Matrix subpolyedrisches Gefüge, > 50% Skelettgehalt aus saprolithisch/regolitisch verwittertem Granitgrus, vereinzelt saiger stehende verwitterte Gangquarze in situ

Proben-Nr.	Korngrößenfraktionen in Gew.-%								%	%		mmol/ z•100g	%
	T	fU	mU	gU	fS	mS	gS	pH	Fe_o	Fe_d	$Fe_{o/d}$	T-Wert	V-Wert
90/82	6,8	3,5	3,5	5,7	14,6	24,6	21,2	5,6	0,03	2,19	0,010	10,9	63,2
90/83	26,8	5,0	4,9	5,6	9,5	14,4	33,8	5,5	0,02	1,88	0,010	11,4	56,3
90/84	31,7	4,9	5,9	8,8	10,1	14,2	24,4	5,4	0,03	0,95	0,030	6,4	53,3

Die Anlage der ältesten Fußfläche (p1-Niveau), die heute nur noch in kleinen Resten erhalten ist, erfolgte wahrscheinlich in älterem Gesteinszersatz. Dieser wurde dabei weitflächig ausgeräumt, und zahlreiche Grundhöcker wurden im Relief exponiert.

Auf dem ältesten p1-Niveau dominierten ursprünglich Ferralic Acrisols aus Hillwashs. Diese Böden sind bereits weitflächig jüngerer Bodenerosion zum Opfer gefallen. Nur noch selten läßt sich deshalb ein vollständiger Profilaufbau beobachten. Solche Profile weisen unter Ap-Horizonten einen EB-Horizont aus einem jüngeren, vermutlich p2- oder p3-zeitlich entstandenen Hillwash über einem 2Bt-Horizont aus älteren Hillwash Sedimenten und einem 3Bt-Horizont aus in situ anstehenden, mehr oder weniger stark verwitterten kristallinen Gesteinen auf. Die Grenze zwischen dem EB- und dem 2Bt-Horizont, die sich texturell deutlich abzeichnet (vgl. Tab. 6), kennzeichnet eine Sedimentgrenze, nicht hingegen innerhalb des Profils pedogenetisch entstandene Horizontdifferenzierungen. Um der komplexen Genese solcher Bodenprofile in der Bodenansprache gerecht zu werden, müßten die Böden strenggenommen als Eutric/Dystric Cambisols aus jüngerem Hillwash über fossilen Ferralic Cambisols aus älterem Hillwash und/oder verwittertem Anstehenden bezeichnet werden. Differenzierte pedogenetische Bodenansprachen, das zeigt das vorliegende Beispiel m. E. sehr überzeugend, sind mit Bodentyp- und Horizontsymbolen des FAO-Bodenklassifikationssystems (FAO 1990) kaum zu leisten.

Auf dem jüngeren p2-Niveau entstanden verbraunte Böden aus sandig-grusigen Hillwashs über nur schwach vergrusten, und in der Nähe von Grundhöckern auch über anstehenden frischen Festgesteinen. Hier waren vermutlich vor einer jungholozänen anthropogenen Überformung weitflächig verbraunte, schwach tonig-lehmige Haplic Cambisols verbreitet (vgl. Tab. 7).

Deutlich entwickelt ist auch das p3-Niveau im Kristallingebiet. Auf die jüngere Einschneidungsphase der größeren Gerinne folgte auch hier anschließend eine Akkumulation jungholozäner Ablagerungen. Solumsedimente von den lateral angrenzenden Hängen verzahnen sich kleinräumig mit fluvialen Terrassensedimenten. Der Sedimentaufbau zeigt damit ähnliche Schichtungsmerkmale, wie die bereits oben bezeichneten Ablagerungen in den Tiefenlinien zwischen den Gombe Hills. Auch in den Kaltungo-Kufai-Hills zeugen fAh-Horizonte und reliktische Gley-Merkmale von mehreren Ablagerungsphasen und einer Grundwasserabsenkung infolge jüngster Zerschneidung. Parallel zur jüngeren, p3-zeitlichen Gerinneeintiefung entstanden auf den älteren Pedimenten verzweigte vorfluterabhängige Gullysysteme. Auch diese Formen wurden anschließend mit Solumsedimenten (Kolluvien) verfüllt.

Rezent ist auch im Grundgebirge eine starke Zerschneidung aller Formen zu beobachten. Sie wird erneut vorrangig von vorfluterabhängigen Gullysystemen bewirkt, manifestiert sich aber in stärker reliefierten Geländeeinheiten auch in kleineren vorfluterunabhängigen linearen Erosionsformen. Bei letzteren erfolgt eine Sedimentation be-

Tab. 7 Haplic Cambisol aus jüngerem Hillwash über in situ anstehendem, tonig verwittertem Biotit-Granodiorit (östlich von Kaltungo)

Proben-Nr.	Horizont	Tiefe	Merkmale
90/151	Bw	- 50	mittel lehmiger Sand, gelblichbraun (10 YR 5/4), in der Matrix Kohärentgefüge, Bodenskelett aus angewittertem Granitgrus, Schichtungsmerkmale, dadurch scharfe Grenze zum
90/152	2Cw	- 80 +	mittel lehmiger Sand, gelblichbraun (10 YR 5/6), schwach vergrustes anstehendes Gestein mit Quarzgängen in situ

Proben-Nr.	Korngrößenfraktionen in Gew.-%							%	%		mmol/ z•100g	%
	T	fU	mU	gU	fS	mS	gS	pH	Fe_o	Fe_d	$Fe_{o/d}$	T-Wert	V-Wert
90/151	9,0	2,1	2,4	4,3	15,8	30,3	36,1	4,7	0,08	1,33	0,060	8,8	74,4
90/152	11,7	4,3	6,0	7,4	16,3	20,1	34,1	5,1	0,05	1,17	0,030	10,2	73,0

reits wenig unterhalb des Abtragungsgebietes. Auf den proximalen Teilen der älteren Pedimentniveaus lehnen sich viele junge Erosionsrisse an kolluvial verfüllte p3-zeitliche Vorformen an. Die Sedimentfüllungen (Kolluvien) in diesen älteren Abtragungsformen weisen auch hier häufig bis an ihre Basis Keramikscherben und Holzkohlen auf. Für letztere konnte ein ^{14}C-Modellalter von +/- 700 a BP (BRUNK, in Druckvorb.) bestimmt werden. Auch in der Grundgebirgslandschaft ist deshalb mit einem schon mehrere Jahrhunderte währenden anthropogenen Einfluß auf Vegetation und Boden zu rechnen. Die mächtigen kolluvialen Füllungen in diesen linearen Erosionsformen stammen von den angrenzenden Flächen. Auf den proximalen Teilen der Pedimente dominieren deshalb stark verkürzte Bodenprofile. Häufig stehen nur noch schwach vergruste Festgesteine (Lithic Leptosols) an der Oberfläche an. Trotz dieser ungünstigen Bodenverhältnisse findet überall dort noch Ackerbau statt, wo lockerer Grus etwa 10 - 20 cm Mächtigkeit erreicht (vgl. Vordergrund von Abb. 8). Im Zuge der Nutzung gehen mit dem verstärktem Oberflächenabfluß die Reste der Tonsubstanz dieser Substrate sehr rasch durch Abspülung verloren. Geackert wird deshalb zumeist in wasserdurchlässigen sandigen Grusen, die eine geringe nutzbare Feld- und geringe Sorptionskapazität aufweisen.

Heute fördert starker Oberflächenabfluß weitere Gullyentwicklungen, und durch die rezenten Zerschneidungsprozesse findet in großen Gebieten sehr schnell eine endgültige Zerstörung vieler landwirtschaftlicher Nutzflächen statt (Abb. 9). Günstigere Verhältnisse herrschen z. T. noch auf distalen Teilen der Pedimente vor, da hier zumeist mächtigere Lockersedimentdecken vorgelegen haben. Auch diese vollständig feldbau-

Abb. 8 Ackerbau in geringmächtigem Granitgrus auf einem Pediment bei Kaltungo

Abb. 9 Rezente Zerschneidung einer Fußfläche in kristallinen Gesteinen (Kaltungo)

lich genutzten Gebiete werden aber in zunehmendem Maße von starker Bodenerosion und linearer Zerschneidung durch stark aufgefaserte Gully-Systeme überformt.

Die fortschreitende Bodenerosion führt somit auch im Grundgebirge zur ökologischen Degradierung großer Areale. Sie erzwingt, wie in Abb. 9 sehr gut zu erkennen ist, die Aufgabe des Ackerbaus und schränkt, wegen der nur noch geringen Regenerationsfähigkeit der Vegetation, weidewirtschaftliche Weiternutzungen dieser schon nahezu vollständig devastierten Flächen immer mehr ein. Auch in den Kristallingebieten sind, da der Mensch seit langer Zeit das geomorphodynamische Prozeßgefüge maßgeblich bestimmt hat, die meisten Standorte von irreversibler Zerstörung des ursprünglichen Naturpotentials und damit von schon weit fortgeschrittener Desertifikation betroffen. Alle noch feldbaulich nutzbaren Flächen weisen ein hohes Desertifikationspotential auf.

6 Ergebnisse

Die vorgestellten Gebiete aus der Trockensavanne in der Sudanzone NE-Nigerias zeigen, daß rezent naturräumlich unterschiedlich ausgestattete Landschaftstypen mit wechselnden Gesteinen und Reliefmerkmalen weitflächig von Desertifikationsprozessen betroffen sind. Ohne Frage beeinflußt der Mensch seit vielen Generationen durch wirtschaftliche Nutzung (Feldbau und Weidewirtschaft, Feuerholzentnahmen und ehemalige Eisenindustrie) sehr stark die aktual-geomorphodynamischen Prozesse in den unterschiedlich ausgestatteten Naturräumen. Inwieweit der Mensch jeweils als Auslöser für die rezent beobachtbare Prozeßdynamik genannt werden muß, oder ob natürliche Faktoren, z. B. klimatische Veränderungen oder tektonische Prädisposition im Gongola-Becken diese jüngere Prozeßdynamik mitbestimmt haben können, läßt sich heute wegen des omnipräsenten, alle Formen überprägenden anthropogenen Einflusses nicht mehr eindeutig nachvollziehen. Sicher ist hingegen, daß durch die fortgeschrittene anthropo-/zoogen bedingte Zerstörung der natürlichen Vegetationsdecke als direkte Folge einer Übernutzung der natürlichen Ressourcen die rezente fluviale Geomorphodynamik sehr stark intensiviert wurde und sich dabei auch in ihrer Dynamik in jüngerer Zeit verändert hat. Denn während noch vor wenigen Jahrzehnten in den meisten Reliefeinheiten eine Sedimentation der abgetragenen Solumsedimente nahe ihren Herkunftsgebieten stattfand, findet heute durch verstärkten Oberflächenabfluß und vorherrschende lineare Zerschneidung der anstehenden Gesteine ein Durchtransport der Sedimente zum Vorfluter und über diesen ein Austrag aus dem Gongola-System statt.

Wenn auch die überall beobachtbare, schnell fortschreitende Landschaftszerstörung damit vorrangig anthropogenen Einflüssen zugeschrieben werden muß, so ist in bezug auf diese aktuell wirksamen Desertifikationsprozesse dennoch von einem "ökolologischen Wirkungsgefüge eines Faktorenkomplexes" (i. S. von MENSCHING 1990) zu sprechen, denn natürlich werden alle aktuell ablaufenden geomorpho- und geoökodynamischen Prozesse durch die vorherrschenden Geofaktoren-Konstellationen im Gongola-Becken begünstigt. Hier sind vorrangig die an der Oberfläche verbreiteten quartären Lockersedimentdecken, Flugsande und Hillwashs, zu nennen. Diese vorwiegend fein- bis mittelsandigen Ausgangsgesteine der holozänen Bodenentwicklungen setzen selbst in sehr flachen Reliefpositionen aquatischen Abtragsprozessen nur einen geringen Widerstand entgegen. Dieser 'Vorteil' für bodenerosive Abtragungsvorgänge verstärkt sich noch, wenn bereits erodierte Bodenprofile vorliegen, d. h. wenn die schwerer erodierbaren, tonreicheren Bodenhorizonte bereits abgetragen wurden. Da in den meisten Teillandschaften des Gongola-Beckens nur geringmächtige Hillwashs und Zersatzhorizonte über anstehenden Festgesteinen entwikkelt sind, kommen letztere bei Erosionsprozessen sehr rasch an die Geländeoberfläche.

Die geringe Mächtigkeit und leichte Erodierbarkeit der anstehenden Lockersedimente, die mit der Erosion zunehmende edaphische Trockenheit vieler Standorte, die keine dichte Vegetationsdecke mehr aufkommen läßt, die Absenkung des Grundwasserspiegels durch lineare Zerschneidung, und auch in Zukunft weiterhin omnipräsente anthropo-/zoogene Einflüsse durch Beackerung, Beweidung, Holzentnahmen, Brand etc., bilden zusammen den Ursachenkomplex für weitflächig fortgeschrittene und weiterhin fortschreitende Desertifikationsschäden in diesem Teil der Sudanzone in NE-Nigeria.

Literatur

AITCHISON, P. J. M. & BAWDEN, G. & CAROLL, D. M. & GLOWER, P. E. & KLINKENBERG, K. & LEEUW, P. N. DE & TULEY, P. (1972): The Land Resources of North East Nigeria. Vol. 1, The Environment. - Land Resource Study, **9** (1): 183 p.; Surbiton.

BRUNK, K. (1992): Late Holocene and recent geomorphodynamics in the south-western Gongola Basin, NE Nigeria. - Z. Geomorph., N.F., Suppl.-Bd., **91**: 149-159; Berlin, Stuttgart.

BRUNK, K.: History of Settlement and Rule, Patterns of Infrastructure, and Demographic Development in Southeastern Bauchi State, NE-Nigeria. - Ber. SFB 268, **4**; Frankfurt a. M. - [In Druckvorb.].

CARTER, J. D. & BARBER, E. A. & TAIT, A. & JONES, G. P. (1963): The geology of parts of Adamawa, Bauchi and Bornu provinces in north-eastern Nigeria. Explanation of 1:250 000, sheets 25, 36, 47. - Bull. geol. Surv. Nigeria, **30**; Ibadan.

FAUST, D. (1991): Die Böden der Monts Kabyè (N-Togo) - Eigenschaften, Genese, und Aspekte ihrer agrarischen Nutzung. - Frankfurter geowiss. Arb., Ser. D, **13**: 174 S.; Frankfurt a. M.

FAO-UNESCO (1990): Soil Map of the World. Revised Legend. - World Soil Resources Report, **60**: 119 p.; Rome.

FÖLSTER, H. (1969): Slope Development in SW-Nigeria During Late Pleistocene and Holocene. - Giessener Geogr. Schriften, **20**: 3-56; Gießen.

GROVE, A. (1958): The ancient Erg of Hausaland and similar formations on the south side of the Sahara. - Geogr. J., **124**: 528-533; London.

HEINRICH, J. (1992): Pediments in the Gongola Basin, NE-Nigeria - development and recent morphodynamics. - Z. Geomorph., N. F., Suppl.-Bd., **91**: 135-147; Berlin, Stuttgart.

MENSCHING, H. G. (1990): Desertifikation. Ein weltweites Problem der ökologischen Verwüstung in den Trockengebieten der Erde. - 170 S.; Darmstadt.

MICHEL, P. (1977): Reliefgenerationen in Westafrika. - Würzburger Geogr. Arb., **45**: 111-129; Würzburg.

MÜLLER-HAUDE, P. (1994): Rezente Umlagerungsvorgänge und Böden in Decklehmen im Süden von Burkina Faso. - Frankfurter geowiss. Arb., Ser. D, **17**: 55 66; Frankfurt a. M.

MÜLLER-HAUDE, P.: Landschaftsökologie und traditionelle Bodennutzung in Gobnangou (SE-Burkina Faso, Westafrika). - Frankfurter geowiss. Arb., Ser. D; Frankfurt a. M. - [In Druckvorb.].

NAGEL, G. & NYANGANJI, J. (1991): Present research on sedimenty yield in Maiduguri on a grazing reserve. - In: JUNGRAITHMAYR, H. & NAGEL, G. (1991): West African Savannah - Culture, Language and Environment in an Historical Perspective. - Preliminary Report **1989 - 1991**: 105-113; Frankfurt a. M.

NOTEN, F. VAN & PLOEY, J. DE (1977): Quaternary Research in Northeastern Nigeria. - Musée Royal de L'Afrique Central - Tervuren, Annales Ser. IN-8°, Sciences Humaines, **92**: 61 p.; Tervuren.

ROHDENBURG, H. (1969): Hangpedimentation und Klimawechsel als wichtigste Faktoren der Flächen- und Stufenbildung in den wechselfeuchten Tropen an Beispielen aus Westafrika, besonders aus dem Schichtstufenland Südost-Nigerias. - Giessener Geogr. Schriften, **20**: 57-152; Gießen.

ROHDENBURG, H. (1971): Einführung in die klimagenetische Geomorphologie. - 2. Aufl.: 350 S.; Gießen.

SEMMEL, A. (1978): Ursachen und Folgen der Bodenerosion im Grund- und Deckgebirge Äthiopiens. - Tag.-ber. u. wiss. Abh., **41**: Dt. Geogr. Tag, Mainz 1977, 417-421; Wiesbaden.

SEMMEL, A. (1980): Geomorphologische Arbeiten im Rahmen der Entwicklungshilfe - Beispiele aus Zentralafrika und Kamerun. - Geoökodynamik, **1**: 101-114; Darmstadt.

SEMMEL, A. (1986): Angewandte konventionelle Geomorphologie - Beispiele aus Mitteleuropa und Afrika. - Frankfurter geowiss. Arb., Ser. D, **6**: 114 S.; Frankfurt a. M.

SEMMEL, A. (1987): Reliefgeschichte und Desertifikation am Nordrand der westlichen Sahara. - Geogr. Rdsch., **39**: 429-434; Braunschweig.

SEMMEL, A. (1992): Boden und Bodennutzung im Gulmaland (Südost-Burkina Faso). - Erdkunde, **46**: 234-243; Berlin.

SWOBODA, J. (1994): Gestein, Relief und Bodenentwicklung im Grundgebirgsbereich Nord-Benins. - Frankfurter geowiss. Arb., Ser. D, **17**: 67-79; Frankfurt a. M.

SWOBODA, J.: Geoökologische Grundlagen der Bodennutzung und deren Auswirkung auf die Bodenerosion im Grundgebirsbereich Nord-Benins - Ein Beitrag zur Landnutzungsplanung. - Frankfurter geowiss. Arb., Ser. D; Frankfurt a. M. - [In Druckvorb.].

THIEMEYER, H. (1992): Desertification in the ancient erg of NE-Nigeria. - Z. Geomorph., N. F., Suppl.-Bd., **91**: 197-208; Berlin, Stuttgart.

UNCOD (1977): World Map of Desertification at a Scale of 1:25 000 000. - A/conf., **74**/2, 29. Aug. - 9. Sept. 1977; Nairobi.

Frankfurter geowiss. Arbeiten	Serie D	Band 17	37-53	Frankfurt am Main 1994

Bodengesellschaften im Longitudinaldünengebiet NE-Nigerias

von Heinrich Thiemeyer, Jena

mit 9 Abb. und 3 Tab.

Die Untersuchungen zu vorliegendem Thema fanden im Rahmen des Sonderforschungsbereiches 268 "Kulturentwicklung und Sprachgeschichte im Naturraum Westafrikanische Savanne" statt. Die physisch-geographischen Teilprojekte des SFB 268 befassen sich in guter Frankfurter Tradition, die zu großen Teilen auf Lehrinhalten von A. Semmel begründet ist, u. a. mit bodengeographischen Fragestellungen im Zusammenhang mit Untersuchungen zum Naturraumpotential ausgewählter Teilräume der Westafrikanischen Savanne. Das Arbeitsgebiet des Autors umfaßt einen Ausschnitt der Paläodünenregion NE-Nigerias westlich des Tschadsees, die zu dem Paläodünengürtel gehört, der südlich der Sahara den gesamten afrikanischen Kontinent durchzieht. Dessen nigrischer und nigerianischer Teil wird von GROVE (1958) als "ancient erg of Hausaland" bezeichnet.

Im **Lantewa Dune Field** (nach AITCHISON et al. 1972; vgl. Abb 1), das sich in NE-Nigeria zu großen Teilen im 1991 neu gegründeten Bundesstaat Yobe befindet, stellen Longitudinaldünen die landschaftsbestimmenden Elemente dar. Mit Höhen von 10 - 15 m und Breiten bis zu 500 m und mehr erstrecken sie sich mitunter über viele Kilometer. Sie sind durch den NE-Passat aufgeweht worden und erhielten dadurch eine NE-SW-Richtung. Die klimatischen Bedingungen, die zu ihrer Entstehung geführt haben, waren durch höhere Windgeschwindigkeiten geprägt und wesentlich trockener als heute.

Unter heutigen Klimabedingungen sind die Dünen, sofern sie nicht ackerbaulich ge-

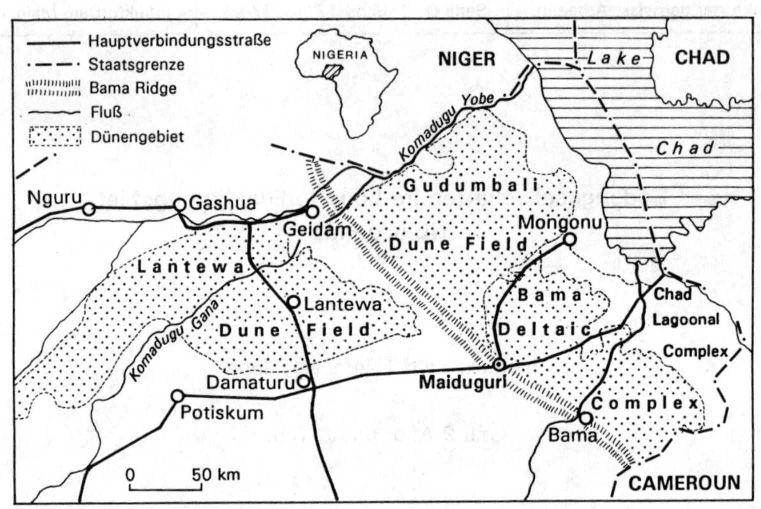

Abb. 1 Übersichtskarte des Untersuchungsgebietes (geomorphologische Einheiten nach AITCHISON et al. 1972, verändert)

nutzt sind, vollständig mit Vegetation bedeckt. Dabei läßt sich - weniger am Boden als aus der Luft - eine typische Anordnung erkennen. Die interdunären Areale tragen eine mittelhohe, mehr oder weniger dichte Baum- und Buschvegetation, die Dünenzüge selbst sind vorwiegend mit Gras bewachsen. Daneben tragen sie aber ebenfalls Buschstreifen, die in einem regelmäßigen Sekundärmuster angeordnet sind. Beide Verteilungsmuster sind bereits aus großer Höhe auf dem Satellitenbild zu erkennen (Abb. 2). Die dunkle Zeichnung stellt die höhere Vegetation dar, die helleren Bereiche Grasareale bzw. zumeist gradlinig begrenzte Nutzflächen. Durch die langgezogenen Baumstreifen in den Tiefenlinien sind die Dünen zusammen mit dem Sekundärmuster deutlich auszumachen. Auf Karten sind in den Tiefenlinien zwischen den Dünen oft episodische Abflußbahnen dargestellt. Gelegentlich sind auch kleinere tümpelartige Wasserlöcher zu finden, die stets von höheren Bäumen gesäumt sind. In regenreichen Jahren steht hier für kurze Zeit Wasser, das dann am Ende der Regenzeit für gewisse Zeit zur Viehtränke genutzt wird.

Ist man zunächst versucht, in dem Sekundärmuster, abgesehen von der regelmäßigen Anordnung, ein "brousse tigrée"-Phänomen zu sehen (vgl. WHITE 1970; JANKE 1976), so wird im Gelände jedoch deutlich, daß unter den heutigen quasinatürlichen Bedingungen - von mehr darf man angesichts der Weidenutzung sicherlich nicht ausgehen - die Busch- und Grasverteilung stabil ist. Das läßt sich auch an Luftbildern

Abb. 2 Satellitenbildausschnitt (SPOT 1 HRV 2, Nr. 80-325 vom 20.5.1986, Kanäle 3 2 1; 30 x 30 km)

nachweisen, die im Abstand von etwa 20 Jahren aufgenommen wurden (Abb. 3 u. 4). Der brousse tigrée müßte in diesem Zeitraum eine erkennbare Veränderung in der Vegetationsverteilung erfahren haben (WHITE 1970). Vergleicht man die unterschiedlich alten Luftbilder, ist hingegen an Gebieten mit aufgelassenen Feldern zu erkennen, daß sich nach einiger Zeit das alte Vegetationsmuster wieder einstellt. Es muß also ortsfeste Ursachen für die unterschiedlichen Vegetationsaspekte geben. CLAYTON (1966) beschreibt Vegetationsrippeln aus dem Raum Gummi/NW-Nigeria, stellt aber keine grundlegenden Unterschiede in der Artenzusammensetzung fest.

Im vorliegenden Beitrag soll es nicht um die Artenzusammensetzung gehen, weder in qualitativer noch in quantitativer Hinsicht, sondern es wird versucht, für die Gras-/ Baumverteilung Erklärungen zu finden, die auf geomorphologischen und bodenkundlichen Kriterien beruhen, wobei unterstellt wird, daß solche Kriterien tatsächlich die Vegetationsverteilung beeinflussen.

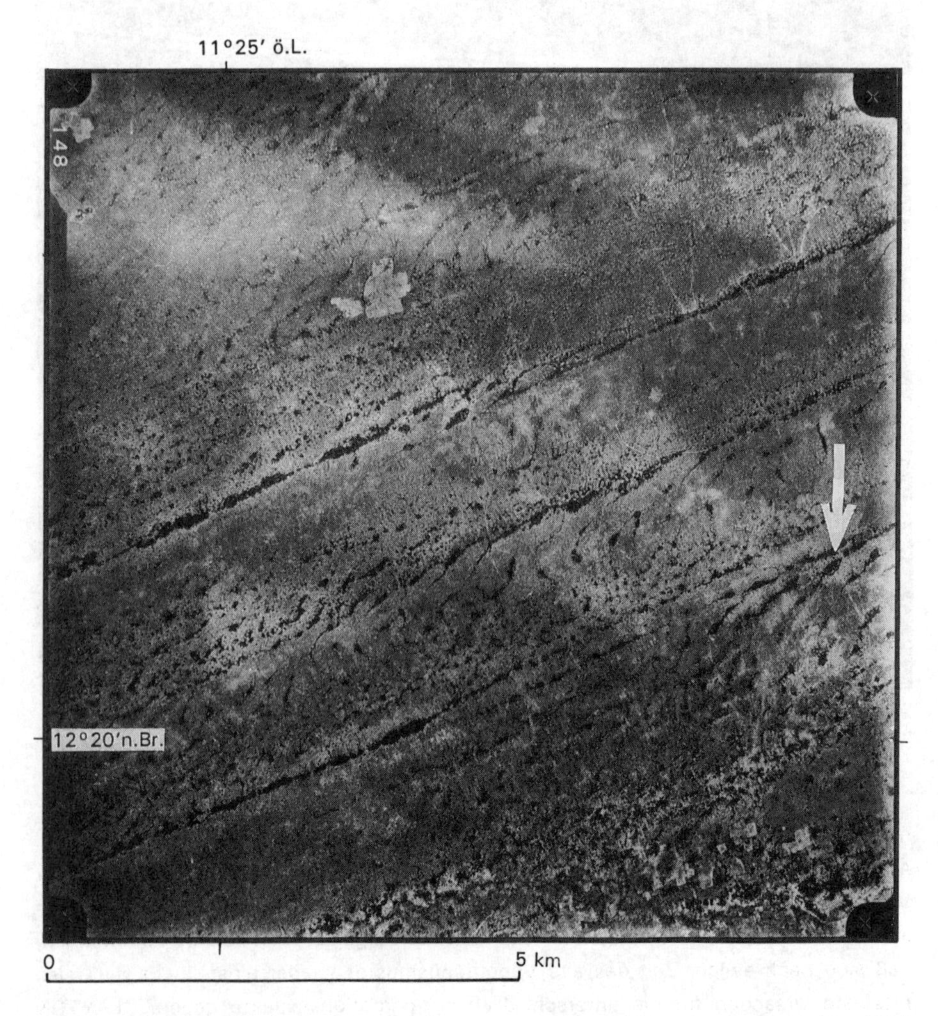

Abb. 3 Luftbild vom November 1969 (Sheet 63 Dapchi; Run 7, III NG 7: Nr. 150); Bildausschnitt etwa 9 x 9 km. Zum Vergleich: Der Pfeil entspricht dem auf Abb. 4

Bereits die Reliefentwicklung hatte vermutlich einen Einfluß auf die spätere Bodenentwicklung und -verteilung. Die diagonalen Buschstreifen auf den Dünen halten sich nämlich an unmerkliche Vertiefungen in der Größenordnung von einigen Dezimetern, die durch die Windverhältnisse zum Zeitpunkt der Dünenaufwehung entstanden sein dürften. Solche Rippelmuster werden auch aus rezenten Longitudinaldünengebieten

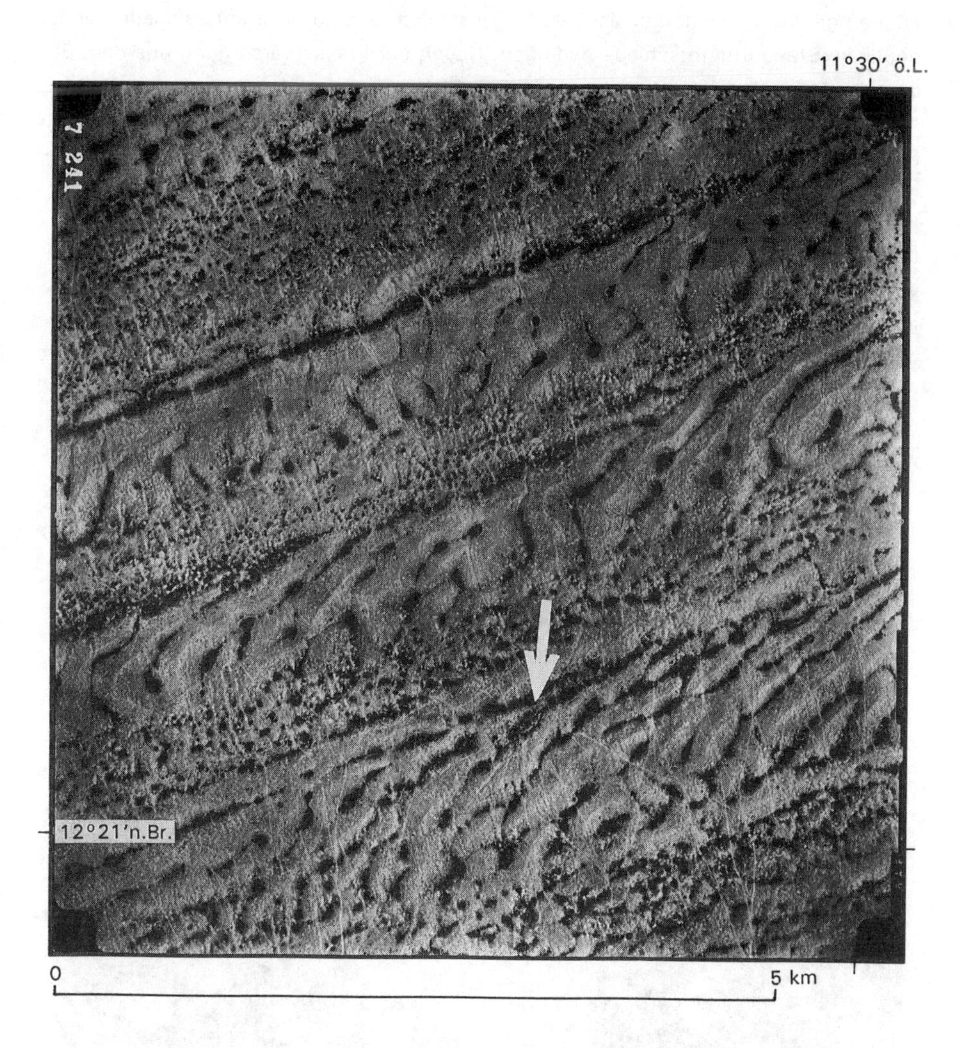

Abb. 4 Luftbild vom 25.11.1990 (Sheet 63 Dapchi; Run 7: Nr. 7 241); Ausschnitt etwa 6 x 6 km. Zum Vergleich: Der Pfeil entspricht dem auf Abb. 3

beschrieben (z. B. TSOAR 1989; TSOAR & MØLLER 1986). Diese Muster können aber auch bei der Sandremobilisierung entstehen, die durch partielle Entfernung der Vegetationsbedeckung ausgelöst werden kann, sei es durch eine trockenere Reaktivierungsphase oder auch durch Desertifikationsprozesse.

Sicherlich spielt die Wasserversorgung für die Pflanzen eine bedeutende Rolle. Hierbei können gerade in hochdurchlässigen Dünensanden geringe Reliefunterschiede bereits deutliche Standortunterschiede bedingen. Neben der Wasserversorgung aus dem Bodenwasserspeicher beeinflussen zusätzlich Sickerwasserströme (Interflow) die Versorgung nachhaltig. Begünstigt sind wieder die relativ tieferen Reliefbereiche, ohne Frage die interdunären Bereiche, aber auch die schwachen Vertiefungen auf den Dünen.

Das Wasser als bodenbildender Faktor hat schließlich entscheidenden Einfluß auf Verwitterung, Stoffneubildung und -verlagerung bei der Bodenentwicklung. Deshalb müßte die Bodenentwicklung in den flachen Vertiefungen der Dünen zumindest graduell verschieden sein von den Bereichen, auf denen heute eine Grasdecke dominiert

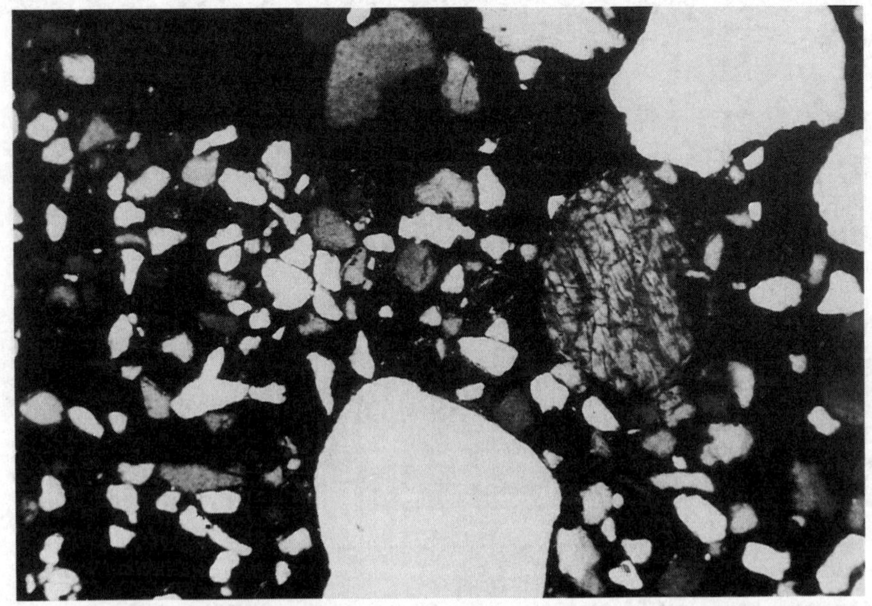

Abb. 5 Dünnschliff des Bv-Horizontes eines Chromic Arenosols mit grober Sandkomponente; Bildhöhe etwa 1,5 mm, gekreuzte Polarisatoren

und im gesamten Zeitraum der Bodenbildung ein Rückkopplungseffekt zwischen Reliefposition und Bodenbildungsmilieu bestanden haben.

Die am weitesten verbreiteten typischen Böden unter dem Grasbewuchs sind Arenosols aus Flugsand. Obzwar die absoluten Fed-Gehalte sich nur um 0,3 % bewegen, verleihen sie den Böden eine kräftige Farbe. Unter einem helleren (10 YR - 7,5 YR) geringmächtigen Horizont, der aus äolisch (sub)rezent umgelagertem Material (oM) besteht (für diesen und einige weitere Horizonte gibt es in der FAO-Systematik - FAO 1990 - keine Entsprechung, so daß eine Übersetzung der deutschen Horizontsymbole in die der FAO-Systematik wenig sinnvoll erschien; deswegen wurde die Horizontsymbolik der Bodenkundlichen Kartieranleitung (1982) beibehalten), sind sie mit Farben, die charakteristische Werte um 7,5 YR 5/8 und 5 YR 5/8 annehmen, durchweg orangebraun gefärbt und weisen nicht selten eine Entwicklungstiefe von mehr als 3 m auf. Dabei ist zu beobachten, daß oftmals unterhalb etwa 50 - 80 cm zur dominierenden Feinsandfraktion eine gut sicht- und fühlbare Mittel- bis Grobsandkomponente hinzutritt, die aber homogen verteilt ist und offenbar auf die Horizontierung der Profile keinen Einfluß hatte (Abb. 5). Über Herkunft und insbesondere Transport-, Sortierungs- und Vermischungsvorgänge der verschiedenen Sandfraktionen herrscht noch Unklarheit. Die Bv-Horizonte gehen in der Tiefe allmählich in helle, zumeist gelbliche (10 YR - 2,5 Y) Dünensande über. Die pH-Werte der Bv-Horizonte liegen meist im Bereich von 4 - 5 und weisen damit die niedrigsten Werte in NE-nigerianischen Böden auf. Die Nährstoffversorgung ist gering. Die Werte der KAK liegen zwischen 2 und 6 mmol/z/100g, die Basensättigung schwankt zwischen 10 und 70 %.

Ein typisches Profil wurde nahe der Straße Potiskum - Gashua ca. 92 km südlich Gashua aufgegraben (Tab. 1). Die Bodenbildung reicht hier bis in 240 cm Tiefe. Die charakteristische gröbere Komponente setzt im tieferen Untergrund (IIC-Horizont) aus. Dieser Horizont ist schwach rostfleckig. Woher die schwachen Hydromorphiemerkmale herrühren, läßt sich nicht mit Sicherheit feststellen. Denkbar wäre ein Stillstand der Sickerwasserfront aufgrund von Sedimentinhomogenitäten, oder, wie es beispielsweise auch VÖLKEL (1989) von einem Teil der Dünen in Südniger annimmt, hervorgerufen durch einen ehemals höheren Grundwasserstand im Dünenkörper. Im vorliegenden Fall stünde dieser möglicherweise im Zusammenhang mit dem mittelholozänen Tschadsee-Hochstand, der sich auch auf die nordostnigerianischen Zuflüsse ins Tschadbecken ausgewirkt haben müßte.

Angaben zur Verwitterungsintensität dieser Böden sind nicht einfach zu konstatieren. Da die Hauptmasse aus verwitterungsbeständigem Quarz gebildet wird (bis zu 96 %), sind verwitterbare Minerale nur in geringen Mengen vorhanden (gewesen). Mikromor-

Tab. 1 Chromic Arenosol aus Flugsand; Top einer Longitudinaldüne 92 km SSW Gashua; Vegetation: geschlossene Grasdecke; Aufnahme: 14. 11.1990

Horizont	Tiefe	Horizontmerkmale
Ah	- 20	ufS, hgrbn (10 YR 7/3), schwach durchwurzelt, schwach humos, deutlicher Übergang zu
Bv_1	- 120	ufS, rötlichbraun (7,5 YR 5/6, schwach durchwurzelt, Einzelkorngefüge, undeutlicher Übergang zu
Bv_2	- 240	ufS, orangebraun (5 YR 5/8), mit deutlichem gS-Anteil, Einzelkorngefüge, allmählicher Übergang zu
C	- 320	u'gsfS, hellbeige (10 YR 7/6), mit deutlichem gS-Anteil, Einzelkorngefüge, sehr undeutlicher Übergang zu
IIC	- 420 +	u'fS, hellbeige (10 YR 7/6), ohne gS-Anteil, schwach rostfleckig

	Korngrößenfraktionen in Gew.-%								%	%		mmol/ z/100g	%
Tiefe	T	fU	mU	gU	fS	mS	gS	pH	Fe_o	Fe_d	$Fe_{o/d}$	T-Wert	V-Wert
- 20	5,5	0,3	1,6	6,2	65,6	14,3	6,5	4,2	0,006	0,24	0,03	5,9	23,6
- 120	9,0	1,0	0,6	6,5	65,3	11,3	6,4	3,8	0,006	0,31	0,02	4,7	25,2
- 240	6,0	0,5	0,4	4,5	71,3	8,7	8,5	3,8	0,005	0,30	0,02	2,8	27,8
- 320	3,2	0,5	0,0	4,7	68,0	11,3	12,2	4,0	0,002	0,13	0,02	1,0	74,2
- 420 +	2,4	0,6	0,1	3,0	63,1	21,8	9,0	4,3	0,001	0,09	0,01	1,6	53,4

phologische Untersuchungen haben ergeben, daß neben Quarz nur sehr vereinzelt Feldspäte (< 5 %) vorkommen, die ihrerseits aber kaum Verwitterungserscheinungen zeigen. Die Quarze sind mit einer amorphen, im polarisierten Licht zumeist gelblichen, z. T. auch rotbraunen Matrix überzogen, die über Brücken die einzelnen Körner miteinander verbindet (Abb. 5). Gelegentlich sind schwach doppelbrechende Schlieren zu erkennen, die eine geringe Orientierung erkennen lassen. Woraus diese amorphe Matrix hervorgegangen ist, läßt sich lichtmikroskopisch nicht nachweisen, da keine sichtbar angewitterten Komponenten in den Profilen existieren. Die rötliche Farbe wird hervorgerufen durch alte Fe-Ton-Hüllen (Coatings), die sich in den Buchten der Quarzkörner erhalten haben und zu einer älteren Bodenbildung an anderem Ort gehören. Im oberen Bv-Horizont sind sie wesentlich schwächer ausgeprägt. Die Bodenfarbe hat also nur z. T. etwas mit der Bodenbildung an Ort und Stelle zu tun, z. T. wurden Sandkörner mit bereits ererbten Hüllenresten umgelagert. Das läßt die Frage auftauchen, welchen Zeigerwert Bodenfarben in diesem Raum besitzen.

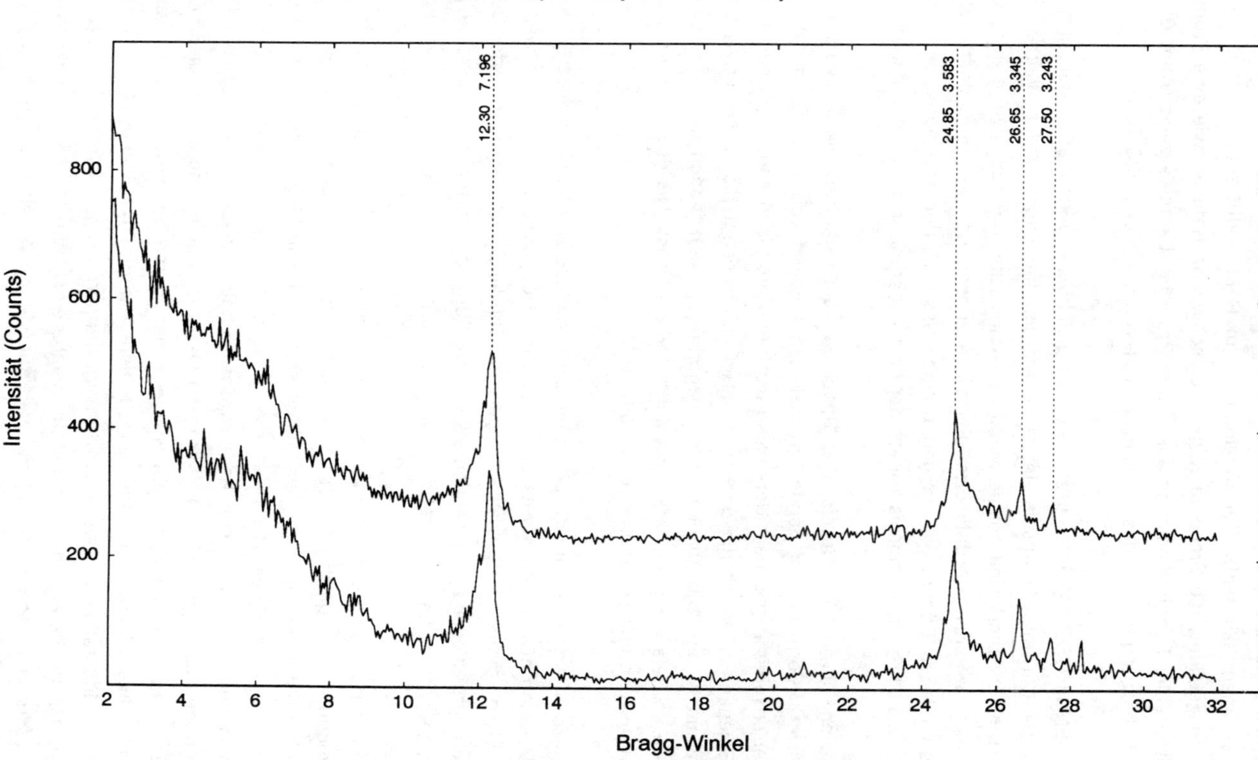

Abb. 6 Tonmineralspektrum eines Chromic Arenosols (Bv-Horizont) bei Lantewa

Der Tonmineralbestand der Böden setzt sich hauptsächlich aus Kaolinit und Smectiten zusammen, Illit fehlt. Der Kaolinitpeak im Röntgendiffraktogramm ist ziemlich scharf ausgebildet, die Smectite zeigen nur schwache Reflexe, wie eine Probe vom Dünentop einer Longitudinaldüne aus einem Profil bei Lantewa zeigt (Abb. 6). Nach grober Schätzung beträgt das Kaolinit/Smectit-Verhältnis etwa 80:20.

FELIX-HENNINGSEN (1992) bezeichnet vergleichbare Böden im Niger nach FAO (1991) als Chromic Arenosols. In der überarbeiteten Legende der Weltbodenkarte (FAO 1990) existiert eine solche Merkmalskombination noch nicht. Die dort vorwiegend über die Farbwerte definierten Ferralic Arenosols entsprechen jedoch nicht den hier behandelten Böden, die nur geringfügige Sesquioxidgehalte aufweisen. Die Ansprache als Chromic Arenosols kommt der Profilausprägung bedeutend näher.

Mit diesen Chromic Arenosols sind Böden vergesellschaftet, die Tonverlagerungsmerkmale in Form dünner Bändchen, meist im Abstand von 15 - 20 cm, aufweisen und bei ansonsten gleichen Merkmalen als Luvi-Chromic Arenosols bezeichnet werden. Gelegentlich reicht die Bänderung als CvBb-Horizont bis in den unverwitterten Dünensand hinein. Die absolute Tonverlagerung scheint jedoch gering zu sein, obwohl sie im Gelände zweifelsfrei und gut zu erkennen ist. Die gebänderten Horizonte weisen nur geringfügig höhere Tongehalte auf.

In Dünnschliffen zeigen die Bänder kaum Unterschiede zu den nicht gebänderten Partien. Die Kornhüllen sind etwas dicker und die Doppelbrechung z. T. etwas deutlicher, selten kommen Porenauskleidungen vor. Da die Zusammensetzung des Substrates nicht grundlegend verschieden ist von den ungebänderten Arenosols, stellt sich die Frage, woher das verlagerte Material stammt, bzw. warum die Tonverlagerung stattgefunden hat. Eine mögliche Quelle könnte der alljährliche Harmattan sein, der in der Trockenzeit nicht unbeträchtliche Mengen vorverwitterten Materials als Staub auf die Landoberfläche gelangen läßt. In der darauffolgenden Regenzeit können die feinen Partikel in das Bodenprofil eingewaschen werden. Diese These bedarf aber noch der Untersuchung. Verantwortlich für die Unterschiede benachbarter Profile können ebenfalls nur unterschiedliche Bodenwasserverhältnisse sein, die unter bestimmten Bedingungen zu regelmäßiger abwärtiger Wasserbewegung und damit zur Bänderung der Profile geführt haben. Es gibt Hinweise dafür, daß der Prozeß als solcher auch unter aktuellen Klimaverhältnissen anhält. Neben jüngeren archäologischen Siedlungsschichten sind selbst in künstlichen Aufschüttungen gelegentlich Tonbänder zu beobachten, die bereits knapp unter der Oberfläche einsetzen. Die heutigen Klimaverhältnisse lassen demnach zumindest zeitweise abwärtige Wasserbewegung zu. VOGG & MECKELEIN (1991) beschreiben ähnliche Verhältnisse aus dem Sahel Malis.

In den flachen Vertiefungen der Dünen ändern sich die Bodenverhältnisse. Oft ist damit ein Wechsel zu 10 YR-Farben verbunden, rötlichere Farben kommen seltener vor. Die Bodenentwicklungstiefe nimmt ebenfalls ab und beträgt im Mittel nur noch 1 bis 2 m, allerdings mit vereinzelten Ausnahmen. Die Bodenart der Bv-Horizonte reicht vorzugsweise vom lehmigen Sand bis zum tonigen Sand, und oftmals ist im Gelände zu beobachten, daß die Bodenprofile zeitgleich eine etwas höhere Bodenfeuchte aufweisen als diejenigen unter Grasbewuchs. Deshalb treten in diesen Bereichen auch Pseudovergleyungs- und Vergleyungserscheinungen auf. Tabelle 2 zeigt ein Profil aus der Umgebung von Lantewa.

Tab. 2 Luvi-Chromic Arenosol aus Flugsand; schwache Vertiefung in der Flanke einer Longitudinaldüne 10 km NNW Lantewa; Vegetation: Vegetationsstreifen, Busch; Aufnahme: 4.11.1991

Horizont	Tiefe	Horizontmerkmale
oM	- 10	u'fS, hellbeige (10 YR 7/4), schwach durchwurzelt, deutlicher Übergang zu
oMAh	- 25	ufS, hellgraubraun (10 YR 6/3), schwach durchwurzelt, sehr schwach humos, Einzelkorngefüge, deutlicher Übergang zu
Al	- 50	ufS - l'fS, hellrötlichbraun (7,5 YR 6/8), schwach durchwurzelt, Einzelkorngefüge, undeutlicher Übergang zu
BvBb	- 150	lfS, rötlichbraun (7,5 YR 5/8), schwach durchwurzelt, dünne Tonbändchen, schwach kohärentes Gefüge, Tiergänge, bodenfeucht, sehr undeutlicher Übergang zu
Bv	- 200	l'fS, braun (10 YR 5/8), schwach durchwurzelt, Einzelkorngefüge, Tiergänge, bodenfeucht, merklicher Übergang zu
Cv	- 260 +	ufS, hellbeige (10 YR 7/8), schwach durchwurzelt, Einzelkorngefüge

	Korngrößenfraktionen in Gew.-%								%	%		mmol/ z/100g	%
Tiefe	T	fU	mU	gU	fS	mS	gS	pH	Fe_o	Fe_d	$Fe_{o/d}$	T-Wert	V-Wert
- 10													
- 25													
- 50	6,9	0,0	0,7	3,9	64,0	15,6	9,0	4,0	0,008	0,39	0,02	4,8	42,7
- 150	8,8	0,5	0,9	5,2	67,7	10,4	6,5	3,9	0,008	0,51	0,02	5,8	48,5
- 200	6,8	0,0	2,0	2,6	73,0	9,4	6,2	3,8	0,006	0,5	0,01	4,7	41,5
- 260 +	4,9	0,7	0,0	4,0	72,7	10,1	7,5	4,0	0,007	0,37	0,02	3,7	45,8

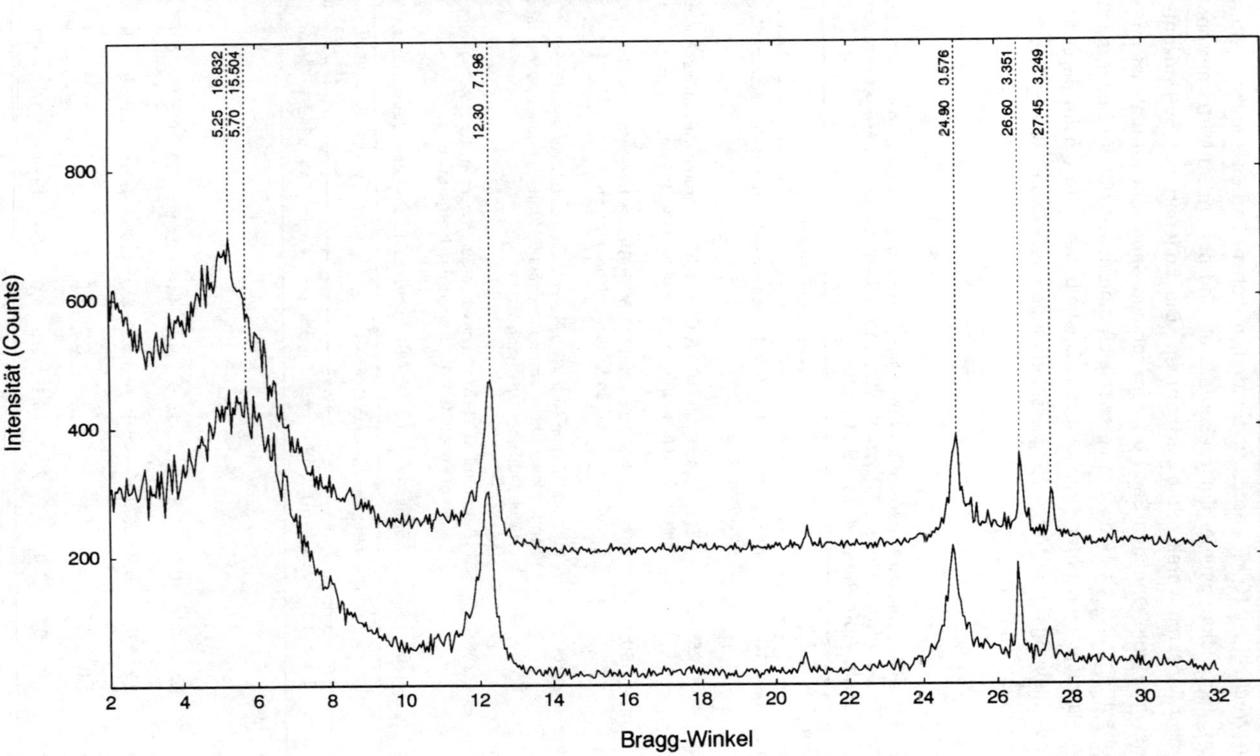

Abb. 7 Tonmineralspektrum eines Luvic Arenosols (BvBb-Horizont) bei Lantewa

In diesen Positionen ist die Bänderung häufig deutlicher ausgeprägt, ein Hinweis, daß der Tonverlagerungsprozeß in stärkerem Maß ablaufen konnte. In vielen Fällen fehlt im Unterboden der charakteristische Mittel- bis Grobsandanteil, was vermutlich aber weniger Einfluß auf die Bodenentwicklung hatte als die übrigen Faktoren. In Dünnschliffen ist erkennbar, daß die Lagerungsdichte offenbar höher ist und die Kornhüllen um die Quarzkörner dicker sind. Die Tongehalte können in den Böden über 10 % ansteigen, die übrigen bodenkundlichen Kennwerte sind mit denen der Luvi-Chromic Arenosols vergleichbar.

Auch der Tonmineralbestand zeigt keine grundlegenden Unterschiede (Abb. 7). Neben dem scharfen Kaolinitpeak ist der Smectitpeak etwas deutlicher ausgeprägt, so daß sich das Verhältnis zugunsten der Smectite etwas verbessert.

Ein großer Teil dieser Böden kann ebenfalls als Luvic Arenosols angesprochen werden. Der Zusatz "Chromic" fehlt, wenn keine Rotfärbung vorhanden ist. Daneben gehören Gleyic und Stagnic Arenosols zur Bodengesellschaft der flachen Vertiefungen.

Die Böden der interdunären Areale unterscheiden sich von den vorgenannten recht deutlich. Die Ausgangssubstrate der Böden sind in der Regel umgelagerter Flugsand und alluviale Sedimente, die eine höhere Lagerungsdichte und meist auch feinere Körnung aufweisen. Außerdem sind sie primär geschichtet. Deshalb sind Gleysols, Stagnisols (wie Pseudogleye wohl in der zukünftigen Überarbeitung der FAO-Nomenklatur heißen werden) und Fluvisols ausgebildet. Letztere kommen vor allem in etwas größer dimensionierten Tiefenlinien vor, die, wie bereits oben erwähnt, zu bestimmten Zeiten als Abflußbahnen fungierten.

Ein typisches Profil ist in Tabelle 3 dargestellt. Es befindet sich an der Straße Potiskum - Gashua ca. 80 km südlich Gashua in einer Tiefenlinie zwischen zwei Longitudinaldünen. Lehmige und tonige Sande überlagern schwach karbonathaltige tonige Schwemmsedimente, in denen stark verwitterte, mürbe, weißliche, aber karbonatfreie Gerölle (Quarze?) eingebettet sind, so daß für die unterlagernden Sedimente ein höheres Alter vermutet werden kann. Nicht bekannt ist, ob die Dünen den älteren Schwemmsedimenten auflagern. Die primären Substratunterschiede haben eine deutliche Hydromorphierung entstehen lassen, so daß der Boden typologisch als Gleyic Arenosol bezeichnet werden kann. Er ist mit Fluvisolen vergesellschaftet.

Aufgrund der primären Substratunterschiede wäre es möglich, daß die Gleydynamik episodisch noch wirksam ist, obwohl die Aktivitätsgrade der Unterbodenhorizonte dies nicht unterstützen. Denkbar wäre auch, daß mit dem Absinken des Grundwassers die Gleydynamik einer Pseudogleydynamik gewichen ist und die Gleymerkmale somit reliktisch wären. Dies wird nicht zuletzt durch die oben erwähnten Wasserstellen unterstützt, die sich sämtlich in diesen Reliefpositionen befinden. Sie trocknen alljährlich aus, was bei Grundwasseranschluß nicht der Fall wäre. Außerdem findet man selbst in den interdunären Gebieten der Region kaum Brunnen. Die Siedlungen reihen sich vorzugsweise entlang der größeren Gerinne, z. B. des Komadugu Gana, auf. Dort steht das Grundwasser aber zu Beginn der Trockenzeit in einer Tiefe von 20 m und mehr, so daß oberflächennahes Grundwasser nicht zu erwarten ist.

Tab. 3 Gleyic Arenosol aus umgelagertem Flugsand über Schwemmsedimenten; Tiefenlinie zwischen zwei Longitudinaldünen 80 km SSW Gashua; Vegetation: überweideter Busch mit höheren Bäumen; Aufnahme: 14.11.1990

Horizont	Tiefe	Horizontmerkmale
Ah	- 40	lS, dunkelgraubraun (7,5 YR 4/6), schwach durchwurzelt, schwach humos, kohärentes Gefüge, deutlicher Übergang zu
Bv	- 80	t'S, braun (10 YR 5/6), kohärentes Gefüge, deutlicher Übergang zu
CGo	- 150	t'S, hellgelbbraun (2,5 Y 7/6), kohärentes Gefüge, rostfleckig, mit einzelnen Konkretionen (Fe/Mn), scharfer Übergang zu
IIGor	- 300 +	tS, hellgrau (2,5 Y 7/2), kohärentes Gefüge, schwach kalkhaltig (Matrix), mit stark verwitterten, mürben, weißlichen Geröllen (kalkfrei; ? Quarze), rostfleckig

	Korngrößenfraktionen in Gew.-%								%	%		mmol/ z/100g	%
Tiefe	T	fU	mU	gU	fS	mS	gS	pH	Fe_o	Fe_d	$Fe_{o/d}$	T-Wert	V-Wert
- 40	12,1	1,3	2,5	6,9	54,9	18,6	3,7	4,9	0,009	0,29	0,03	6,2	71,7
- 80	14,5	1,4	0,8	8,8	53,7	17,1	3,7	5,1	0,007	0,35	0,02	6,5	77,1
- 150	12,6	0,2	1,2	6,5	60,2	16,9	2,5	5,0	0,005	0,30	0,02	7,2	75,9
- 300	17,3	2,1	2,1	9,1	52,7	11,1	5,5	7,6	0,003	0,12	0,02	13,9	78,3

Im Dünnschliff ist außerdem eine Tonverlagerung im Bv-Horizont zu erkennen, die im Aufschluß selbst nicht in Erscheinung trat. Der Schluffgehalt ist etwas höher als in den Dünenprofilen. Der CGo-Horizont zeigt im Vergleich mit dem Bv-Horizont kaum Unterschiede bezüglich der Kornverteilung, allenfalls weisen die Verhältnisse von fS:gS auf eine geringfügige Schichtung hin. Es sind gelbliche Einwaschungen aus recht gut orientiertem Ton zu erkennen, die ein Hüllengefüge mit Zwickelfüllungen haben entstehen lassen (Abb. 8). Dies ist ebenfalls ein Hinweis auf den reliktischen Charakter des Go-Horizontes.

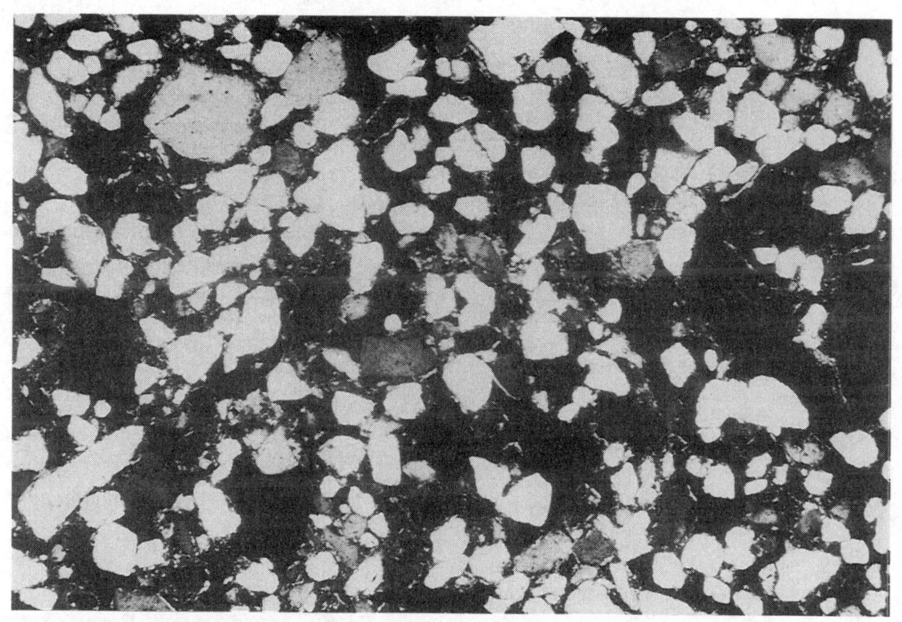

Abb. 8 Dünnschliff des Btv-Horizontes eines Gleyic Arenosols, 80 km S Gashua; Bildhöhe ca. 1,5 mm, gekreuzte Polarisatoren

Abb. 9 zeigt am Beispiel einer abgebohrten Catena die räumlichen Zusammenhänge der besprochenen Böden. Die relativ tieferen Bereiche werden jeweils von den braungefärbten Böden eingenommen. Der untere Unterboden ist in diesen Abschnitten stärker gebändert. An der Landoberfläche liegt immer ein (grau)brauner Horizont mit einer mittleren Mächtigkeit von 30 cm. Deshalb sind rötliche Bodenfarben - außer an Straßenanschnitten - nicht zu sehen. Allerdings bringen Ameisen und Termiten das Material an die Oberfläche, so daß dadurch ein erster "Einblick" in die Bodenverhältnisse gewährt wird. Es dürfte im Grunde möglich sein, überall, wo diese Vegetationsmuster auftreten, die Bodengesellschaften über Satellitenbilder kartieren zu können. Neben den angeführten Regelhaftigkeiten sind aber noch einige Abweichungen bemerkenswert.

Im gesamten Dünengebiet gibt es immer wieder Hinweise auf jüngere Morphodynamik. Als weitverbreitetes Phänomen können in Aufschlüssen, gelegentlich auch in Bohrungen, Holzkohlen und Keramik gefunden werden, die belegen, daß Besiedlung bzw. Nutzung von Sandumlagerungen begleitet waren. Weiter im Norden finden Sandumlagerungen und Dünenbildung noch heute statt. An Stellen, wo nur Holzkoh-

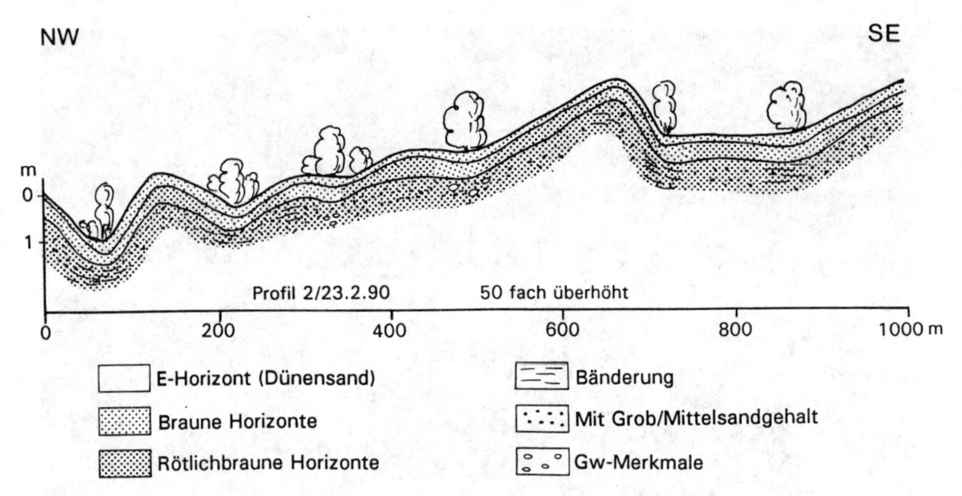

Abb. 9 Catena im Longitudinaldünengebiet mit typischem Verteilungsmuster der Böden

len gefunden werden, kann gleichwohl nicht zwangsläufig von einer anthropogen induzierten Morphodynamik ausgegangen werden. Somit können sowohl Desertifikationsprozesse als auch klimatische Einflüsse Umlagerungen bewirkt haben, was die These von MENSCHING (1979:77) bestätigen würde, wonach morphodynamisch labile Dünen nur in eingeschränktem Maß als paläoklimatische Anzeiger dienen können.

An vielen Dünen, die heute wieder in Bewegung sind, kann man beobachten, daß durch die Umlagerung der Arenosole die Körner ihre rötlichbraune Farbe nicht verlieren. Die umgelagerten Sande über den Scherbenfunden, die bis in Tiefen von 1,5 m gefunden wurden, haben heute dieselben Farbwerte wie die ungestörten Bodenhorizonte. Die einzelnen Keramikbruchstücke können leider nicht zeitlich eingeordnet werden, sie könnten theoretisch rezent sein. Bereits die Dünnschliffe haben gezeigt, daß die Sandkörner offenbar auch früher mit ihren Eisenhüllen umgelagert worden sind. Allerdings gibt es ebenso Profile, in denen die Umlagerung zur Aufhellung geführt hat (vgl. Abb. 9: Südöstlicher Dünenkamm).

Dies hat zur Folge, daß das markante Merkmal der Bodenfarbe bei der Beurteilung der Bodenentwicklungsintensität nicht ohne weiteres benutzt werden kann. Die Bodenfarben täuschen z. T. längere Entwicklungszeiten der Profile vor, was insbesondere dann zu Fehleinschätzungen führen kann, wenn keine Holzkohlen bzw. Scherben in den Profilen zu finden sind.

Literatur

AITCHISON, P. J. & BAWDEN, M. G. & CAROLL, D. M. & GLOVER, P. E. & KLINKENBERG, K. & LEEUW, P. N. DE & TULEY, P. (1972): The Land Resources of North East Nigeria. Vol. 1, The Environment. - Land Resource Study, **9**: 183 S.; Surbiton.

Arbeitsgemeinschaft Bodenkunde (1982): Bodenkundliche Kartieranleitung. - 3. Aufl.: 331 S.; Hannover.

CLAYTON, W. D. (1966): Vegetation ripples near Gummi, Nigeria. - J. Ecol., **54**: 415-417; Oxford.

FAO (1990): Soil map of the World. Revised Legend. - World Soil Resources Report, **60**: 119 S.; Rome.

FAO (1991): Guidelines for soil distinguishing soil subunits in the FAO/UNESCO/ ISRIC revised legend. - World Soil Resources Report, **60**, Annex 1: 13 S.; Rome.

GROVE, A. (1958): The ancient Erg of Hausaland and similar formations on the south side of the Sahara. - Geogr. J., **124**: 528-533.; London.

JANKE, W. (1976): Zum Problem der Vegetationsstreifen (Brousse Tigrée) im semiariden Afrika. - Die Erde, **107**: 31-46; Berlin.

MENSCHING, H. (1979): Beobachtungen und Bemerkungen zum alten Dünengürtel der Sahelzone südlich der Sahara als paläoklimatischer Anzeiger. - Stuttgarter Geogr. Stud., **93**: 67-78; Stuttgart.

SEMMEL, A. (1986): Angewandte konventionelle Geomorphologie - Beispiele aus Mitteleuropa und Afrika. - Frankfurter geowiss. Arb., Ser. D, **6**: 114 S.; Frankfurt a. M.

SEMMEL, A. (1989): Umwelteinflüsse verändern das Relief der Erde. - Forschung Frankfurt, **2/1989**: 49-54; Frankfurt a. M.

TSOAR, H. (1989): Linear dunes - forms and formation. - Progress Phys. Geogr., **13**: 507-528; London.

TSOAR, H. & MØLLER, H. (1986): The role of vegetation in the formation of linear sand dunes. - In: NICKLING, W. G. [ed.] (1986): Aeolian Geomorphology: 75-95; Boston.

VOGG, R. & MECKELEIN, W. (1992): Bodengeographische Aspekte zum Südrand der Sahara. - Stuttgarter Geogr. Stud., **116**: 1-44; Stuttgart.

VÖLKEL, J. (1988): Geomorphologische und pedologische Untersuchungen zum quartären Klimawandel in den Dünengebieten Ost-Nigers (Südsahara und Sahel). - Bonner Geogr. Abh., **79**: 258 S.; Bonn.

WHITE, L. P. (1970): Brousse Tigrée patterns in Southern Niger. - J. Ecol., **58**: 549-553; Oxford.

Frankfurter geowiss. Arbeiten	Serie D	Band 17	55-66	Frankfurt am Main 1994

Rezente Umlagerungsvorgänge und Böden in Decklehmen im Süden von Burkina Faso

Peter Müller-Haude, Frankfurt am Main

mit 3 Abb.

1 Einleitung

Bei bodenkundlichen Geländearbeiten im Süden Burkina Fasos, die im Rahmen des von der Deutschen Forschungsgemeinschaft finanzierten Sonderforschungsbereiches 268 "Kulturentwicklung und Sprachgeschichte im Naturraum Westafrikanische Savanne" ausgeführt wurden, zeigte sich, daß die rezenten Böden vielfach in einer Sedimentdecke entwickelt sind, die saprolithisiertes Gestein und reliktische Bodenbildungen flächenhaft überlagert. Wenngleich die Verbreitung solcher Decklehme ("hillwash") in Westafrika und anderen Tropengebieten vielfach beschrieben wird (ALEXANDRE & SYMOENS 1989; FAUST 1991; FÖLSTER 1983; SEMMEL 1986, 1991, 1992; SWOBODA 1993, 1994; VEIT & FRIED 1989), so sind bezüglich ihrer Genese viele Fragen offen. Vor allem hinsichtlich der Herkunft des Substrats werden gerade in Westafrika verschiedene Einflußfaktoren diskutiert. Genannt werden flächenhafte Verspülungen und äolische Ablagerungen durch den Harmattan, ebenso wie die Förderung von Material aus tieferen Bodenschichten durch Bodentiere, wobei vor allem Termiten häufig erwähnt werden (SEMMEL 1991:39-41).

Im folgenden werden Verbreitung und Charakter von Decklehmen und den darin entwickelten Böden dargestellt, wie sie auf den Rumpfflächen im Südosten Burkina Fasos anzutreffen sind. Das Schwergewicht soll hierbei auf den relativ flachgründigen Standorten im Wasserscheidenbereich liegen, wo Materialakkumulationen durch Verspülungsvorgänge nur von untergeordneter Bedeutung sind. Erörtert werden die rezenten Umlagerungsvorgänge: Neben den Einflüssen von äolischer Ablagerung, Verspülung und biotischer Aktivität werden die Auswirkungen der anthropogenen Nutzung, insbesondere der Einfluß des mit der Hacke betriebenen Feldbaus auf den Decklehm, diskutiert.

2 Naturraum

Der Südosten Burkina Fasos ist klimatisch von einer etwa fünfmonatigen Regenzeit geprägt, bei der jährlich etwa 700 - 1000 mm Niederschlag fallen. Die Jahresdurchschnittstemperatur liegt bei 28° C.

Die Vegetation ist eine Trockensavanne, die oft auch als Sudan-Savanne bezeichnet wird. Bei näherer Betrachtung zerfällt das Bild einer homogenen Baum- und Strauchsavanne in ein Mosaik aus Parzellen unterschiedlicher Nutzung und Anbauintensitäten. Neu angelegte Felder, auf denen Bäume und Sträucher noch nicht vollends entfernt worden sind, und nahezu baumfreie ältere Felder wechseln mit Brachflächen, auf denen die Vegetation unterschiedliche Sukzessionsstadien erreicht hat (vgl. KRINGS 1991). Hinzu treten immergrüne Galeriewälder entlang der Gerinne sowie edaphisch bedingte Grasfluren.

Den geologischen Untergrund in der Region bilden Gesteine des kristallinen Sockels, vorwiegend Granite und Migmatite. Der Grundgebirgssockel ist weitgehend eingerumpft und von einer unterschiedlich tief reichenden Verwitterungszone bedeckt, die in der Regel von einer harten Lateritkruste abgeschlossen wird (s. MENSCHING 1970; MICHEL 1977; BEAUDET & COQUE 1986). Das Relief dieser Rumpfflächenlandschaft ist dementsprechend von weiten Ebenheiten gekennzeichnet, die nur geringfügig von Flachmuldentälern und Gerinnebetten modifiziert werden. Gelegentlich wird die Monotonie der Flachlandschaft durch Laterittafelberge, den Zeugen älterer Flächenniveaus, und vereinzelten Inselbergen unterbrochen (vgl. SEMMEL 1992). Großräumig ist das Gebiet bei Höhen von 250 - 300 m ü. M. dem Hauptwasserscheidenbereich zwischen dem Niger tributären Flüssen und den Zuflüssen des Volta-Bekkens zuzurechnen. Innerhalb der Ebenen sind die Hangneigungen ausgesprochen gering, sie übersteigen nur in Ausnahmefällen 2°.

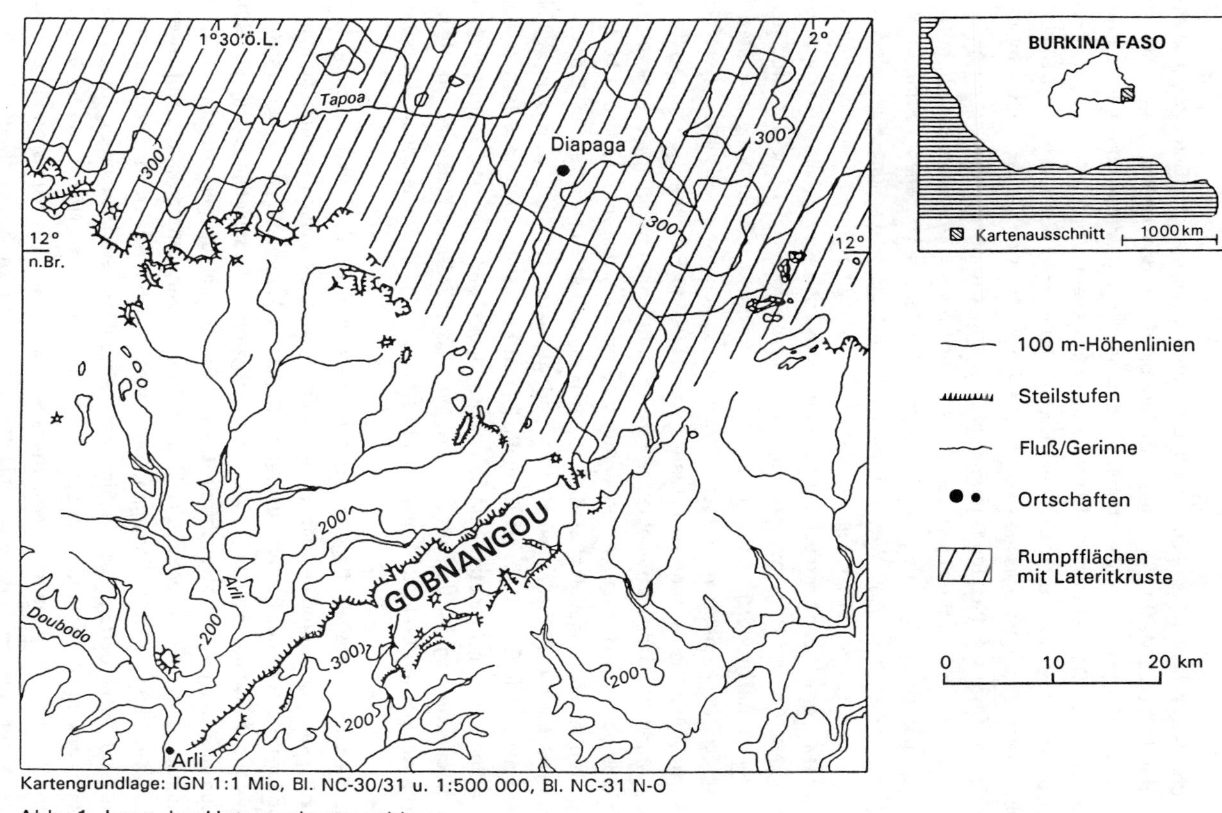

Kartengrundlage: IGN 1:1 Mio, Bl. NC-30/31 u. 1:500 000, Bl. NC-31 N-O

Abb. 1 Lage des Untersuchungsgebietes

3 Decklehm: Verbreitung, Substrat und rezente Verlagerungsvorgänge

Auf den Rumpfflächen ist flächenhaft Decklehm verbreitet. Im Bereich der Wasserscheiden ist seine Mächtigkeit meist am geringsten, zu den Tiefenlinien hin nimmt sie zu und kann entlang der Gerinnebetten durchaus einen Meter und mehr betragen. Meist liegt der Decklehm harten Lateritkrusten, wesentlich seltener tonigen Plinthit-Horizonten auf. Schon aufgrund seiner Braunfärbung - die Hue-Werte (MUNSELL-Soil-Color-Charts) betragen zwischen 10 YR und 2,5 Y - hebt er sich deutlich vom rot gefärbten bzw. stark gefleckten Untergrund ab. Die Textur des Feinbodens ist nicht einheitlich, wobei die Unterschiede sowohl auf der Herkunft des Materials als auch auf Bodenbildungsvorgängen beruhen. So wurden Tongehalte zwischen 10 und 50 % ermittelt, in Oberböden sind Werte zwischen 10 und 20 % die Regel. Die Sandanteile im Feinboden liegen meist bei 30 - 50 %. Wesentliche Differenzierung erfährt das Substrat aufgrund des unterschiedlich hohen Grus- und Steingehaltes, der zum überwiegenden Teil auf Pisolithe, weniger auf Quarzbruchstücke zurückzuführen ist. Im allgemeinen nimmt der Pisolithgehalt in der Deckschicht mit der Nähe zur Lateritkruste zu. Da die Lateritkrusten dieser Flächenniveaus zumeist aus eisenverkitteten Pisolithen bestehen, ist anzunehmen, daß es sich bei den Pisolithen um abgelöste Krustenbestandteile handelt. Regelrechte Pisolithschutte treten häufig am Fuß von Laterittafelbergen auf. Hier ist die Beobachtung zu machen, daß am Rande des Lateritplateaus große Blöcke abgelöst sind, und der Hang selbst von zahlreichen Blöcken bedeckt ist, deren Größe zum Hangfuß hin geringer wird. Am Hangfuß ist dann Pisolithschutt akkumuliert, der sich als Rinnenfüllungen und weitgespannte Schuttschleppen in die Ebene hinein fortsetzt. Man kann also folgern, daß im Zuge der Abtragung und Hangrückverlegung der Laterittafelberge deren abschließende Kruste zerlegt, hangabwärts transportiert und die Pisolithe als Restmaterial in der Ebene abgelagert wurden.

Wie die Lockermaterialauflage ist auch die Lateritkruste nicht als homogene Einheit aufzufassen. Ihre unterschiedlichen Ausprägungen beeinflussen Bodenbildungen und Standortunterschiede. Bei sehr geringmächtiger Decklehmauflage können anhand der Vegetationszusammensetzung zwei Standorttypen unterschieden werden. Deutlich heben sich baum- und strauchfreie Grasfluren von der übrigen Vegetation ab. Nur wenige Zentimeter Lockermaterial über der kompakten Lateritkruste erlauben es, lediglich Gräsern und kleinwüchsigen Krautpflanzen sich anzusiedeln. Ebenfalls nur wenige Zentimeter beträgt die Decklehmmächtigkeit an Standorten, die durch dichte Busch- und Baumvegetation geprägt sind, wobei die Bäume Höhen von 5 - 7 m erreichen. Hier ist die Kruste stark zerklüftet und erlaubt den Gehölzpflanzen ihre Wurzeln entlang der Spalten in tiefere Schichten eindringen zu lassen. Dadurch wird ihre Standfestigkeit erhöht und es ist auch über die Regenzeit hinaus eine bessere Was-

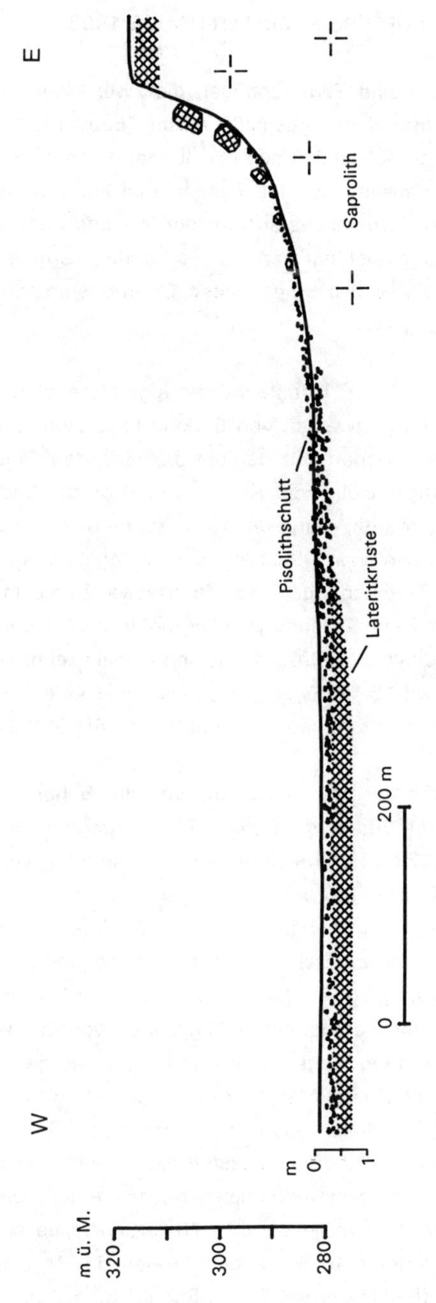

Abb. 2 Verteilung von Pisolithen im Decklehm

serversorgung gewährleistet (KÜPPERS & MÜLLER-HAUDE 1993).

Auffällig an diesen Standorten sind Termitenhügel, die zwei Meter Höhe und mehr erreichen können. Schon aufgrund der Ausmaße dieser "Bauwerke" ist es unwahrscheinlich, daß das Material ausschließlich aus der dünnen Lehmdecke über der Kruste stammt. Vielmehr ist es naheliegend, daß Feinmaterial aus unterhalb der Kruste liegenden Schichten von den Termiten herauftransportiert und zum Bau verwendet wurde. Diese Annahme wird manchmal von der Farbe der Termitenbauten unterstützt, die deutlich von der Farbe des umgebenden Oberbodenmaterials abweichen kann.

Um zu ermitteln, ob bei dem Bau von Termitenhügeln eine Materialsortierung erfolgt, wurden bei Untersuchungen im Südwesten von Burkina Faso zwei benachbarte Termitenhügel beprobt, und die Bodenart mit der des umliegenden Decklehms verglichen. Da die Decklehmmächtigkeit über der Kruste 30 cm betrug und die Termitenbauten nur etwa 50 cm hoch waren, war nicht zu befürchten, daß das Material aus größerer Tiefe gefördert worden war. Während der Sandgehalt im Decklehm bei 50 % lag, betrug er in den Termitenhügeln nur noch etwa 28 %. Immerhin waren noch über 10 % Grobsand im Termitenlehm. Deutlich höher als bei dem umgebenden Bodensubstrat war der Tongehalt. Er betrug bei beiden Hügeln recht genau 25 %, in der Umgebung jedoch nur etwa 15 %. Es zeigt sich also, daß eine Sortierung zugunsten der kleineren Korngrößen stattgefunden hat (vgl. hierzu SWOBODA 1994).

Eine Staubsedimentation durch den Harmattan, die von der Sahara bis weit in den Süden reicht, wird auch für den Süden von Burkina Faso angenommen (BLEICH et al. 1991:1134; SEMMEL 1992:238-239). Der im extremen Südosten von Burkina Faso gelegene Sandsteinzug von Gobnangou bot die Gelegenheit, aus kleinen Mulden (ca. 50 cm Durchmesser) auf isolierten, hochgelegenen Sandsteinfelsen Sedimentproben zu entnehmen. Insgesamt wurden an drei weit auseinanderliegenden Stellen, bei denen aufgrund der speziellen topographischen Lage ein seitlicher Wasserzufluß ausgeschlossen werden konnte, Proben entnommen. Abgesehen von in situ verwittertem Sandstein konnte nur auf äolischem Wege Material in die Mulden gelangt sein. Dabei sollte der Anteil des sandsteinbürtigen Materials durch den Vergleich mit auf Sandstein entwickelten tiefgründigen Böden leicht zu identifizieren sein. In diesen sind Grobschluff, Fein- und Mittelsand die dominierenden Fraktionen, wobei die Maximalwerte immer von einer der beiden Sandfraktionen erreicht werden. Die Gesamtsandgehalte liegen in den Bodenprofilen meist bei 50 - 70 % und fallen auch in den tonreichsten Bt-Horizonten nicht unter 40 %. In den Proben der Muldenablagerungen hingegen dominiert der Schluffgehalt, er beträgt im Schnitt 60 %, der Sandgehalt nur

20 - 30 %. Am deutlichsten wird die äolische Komponente in der Mittelschlufffraktion: Während er in keinem der Horizonte der tiefgründigen Böden über 7 % beträgt, liegt er in den Sedimentproben zwischen 17 und 25 %.

Diese Werte weisen auf einen äolischen Eintrag von vorwiegend schluffigem Material. Sie ermöglichen jedoch keine weiteren Aussagen hinsichtlich der jährlichen Deposition oder des Transportweges, d. h. in welchem Maße Ferntransport aus arideren Gebieten vorliegt, oder ob es sich bevorzugt um lokale Verwehungen handelt. Im flachen Gelände hängt es wohl vor allem von der Vegetationsbedeckung ab, in welchem Umfang äolisch abgesetztes Material erneut der Verwehung anheim fallen kann. Die Auflichtung der Vegetation durch Rodung, Beweidung und Buschbrand steht sicherlich einer endgültigen Ablagerung entgegen. Denkbar ist auch, daß der oberflächlich abgelagerte feine Staub in der Regenzeit überwiegend der Abspülung unterliegt (vgl. auch die detaillierten Untersuchungen zur äolischen Deposition in Nord-Nigeria von McTAINSH 1987).

Der Einfluß von Verspülungsvorgängen auf Mächtigkeit und Textur der Decklehme ist von verschiedenen Faktoren abhängig. Prinzipiell dürfte die auch bei sehr geringen Hangneigungen hangabwärts zunehmende Decklehmmächtigkeit vor allem auf - nicht unbedingt rezente - Verspülungsvorgänge zurückzuführen sein. Deutlich ausgeprägte Kolluvien sind vor allem in unmittelbarer Nähe der Gerinnebetten und flachen Muldentälern anzutreffen. Rezente Verspülungsvorgänge werden sicherlich ebenso wie Verwehungen durch die Vegetationsauflichtung gefördert. Hinzu tritt der Feldbau, der den flächenhaften Bodenabtrag durch Niederschlagswasser begünstigt, da gerade zu Beginn der Regenzeit die einsetzenden Starkregen auf den aufgelockerten und von einer schützenden Pflanzendecke befreiten Boden treffen. Der Oberflächenabfluß kann dann losgelöste Bodenpartikel leicht fortspülen. Daß hiervon die kleineren Korngrößen wesentlich stärker betroffen sind als die größeren, zeigt schon die starke Trübung des Oberflächenabflusses nach einem Niederschlagsereignis. Aber nicht nur der Feldbau begünstigt den Oberflächenabtrag. Auch durch Viehtritt im Zuge der Beweidung wird Bodenmaterial aufgelockert und für die Verspülung anfällig gemacht (s. SEMMEL 1992:241).

4 Böden

Die flachgründigen Böden auf den Lateritkrusten sind für den Feldbau nicht geeignet. Abgesehen von einer geringfügigen Humusanreicherung in den oberen Zentimetern weisen sie keine weitere Profildifferenzierung auf und werden daher als Leptosols angesprochen (die Bezeichnung der Böden erfolgt nach FAO 1988). Bis 10 cm Feinmaterialmächtigkeit werden die Böden als lithic Leptosols ausgegrenzt, bis 30 cm Profiltiefe können je nach Basensättigung eutric und dystric Leptosols unterschieden werden. Bei ohnehin geringen Austauschkapazitäten von etwa 10 mmol/z/100 g Feinboden ist die Basensättigung in den einzelnen Profilen sehr unterschiedlich, so daß eine generelle Zuordnung nicht vorgenommen werden kann.

Mit zunehmender Substratmächtigkeit zeigen die Böden eine Differenzierung in einen tonärmeren Oberboden und einen tonreicheren Unterboden. Sie werden deshalb je nach Basensättigung als ferric Acrisols oder Lixisols angesprochen. Bei Tongehalten über 30 % im Unterboden haben die Böden meist ausgeprägte Staunässemerkmale und werden daher als Planosols klassifiziert. Gelegentlich tritt auch dichter, toniger Plinthit an die Stelle der meist porösen und gut dränierenden Lateritkruste, so daß die Böden ebenfalls von Staunässe gekennzeichnet sind (Plinthosols).

Da tiefgründige Böden feldbaulich genutzt werden - dies gilt auch für Staunässeböden - weisen sie meist einen durch die Bearbeitung mit der Hacke gut homogenisierten Ap-Horizont auf, der sich durch die gleichmäßig verteilte organische Substanz (1 - 2 %) und die leichtere Textur deutlich vom Unterboden unterscheidet. Die Tongehaltsunterschiede zwischen den bearbeiteten Oberböden und den folgenden Bt-Horizonten können 10 - 20 % betragen. Die Mächtigkeit des Ap-Horizontes liegt meist bei 15 - 20 cm, wobei häufig auch 30 cm und in Extremfällen sogar 40 cm erreicht werden. Das ist nicht so erstaunlich, denn der Boden wird bei der Bearbeitung mit der Hacke nicht nur gewendet, sondern meist zu kleinen Hügeln und Erdwällen aufgehäuft (vgl. SWOBODA 1994). Auf oder zwischen diesen Hügeln - je nach Wasserhaushalt und Nährstoffangebot des Bodens - wird dann das Saatgut (überwiegend Hirse) ausgebracht. Für die genetische Deutung des Bodens ist das nicht ganz unproblematisch, da Bodenbildungs- und Umlagerungsvorgänge hiervon überprägt werden können. Bei mächtigeren Ap-Horizonten in geeigneter Reliefposition ist nicht auszuschließen, daß kolluviale Ablagerungen in diesen Bodenhorizont mit eingearbeitet wurden. Ebensowenig ist auszuschließen, daß Sande, die in einer arideren Phase äolisch abgelagert wurden - wie BLEICH et al. (1991:1133) vermuten - Anteil an dem Oberbodenmaterial haben. Da aber auch intensiv ausgebildete Eluvialhorizonte mit eingearbeitet sein können (auch über deutlich ausgeprägten Eluvialhorizonten sind die Tongehalte in den Ap-Horizonten noch geringer), wird nicht ersichtlich, in welchem Umfang bei der Pedogenese laterale Tonverlagerung erfolgt. Immerhin gelangen durch das wiederholte Umgraben des Bodens immer neue Anteile aus der Ton- und (Fein-)Schlufffraktion an die Oberfläche, wo sie beim Einsetzen der Starkregen leicht der Abspülung unterliegen. Es ist daher denkbar, daß auch über Jahrhunderte betrie-

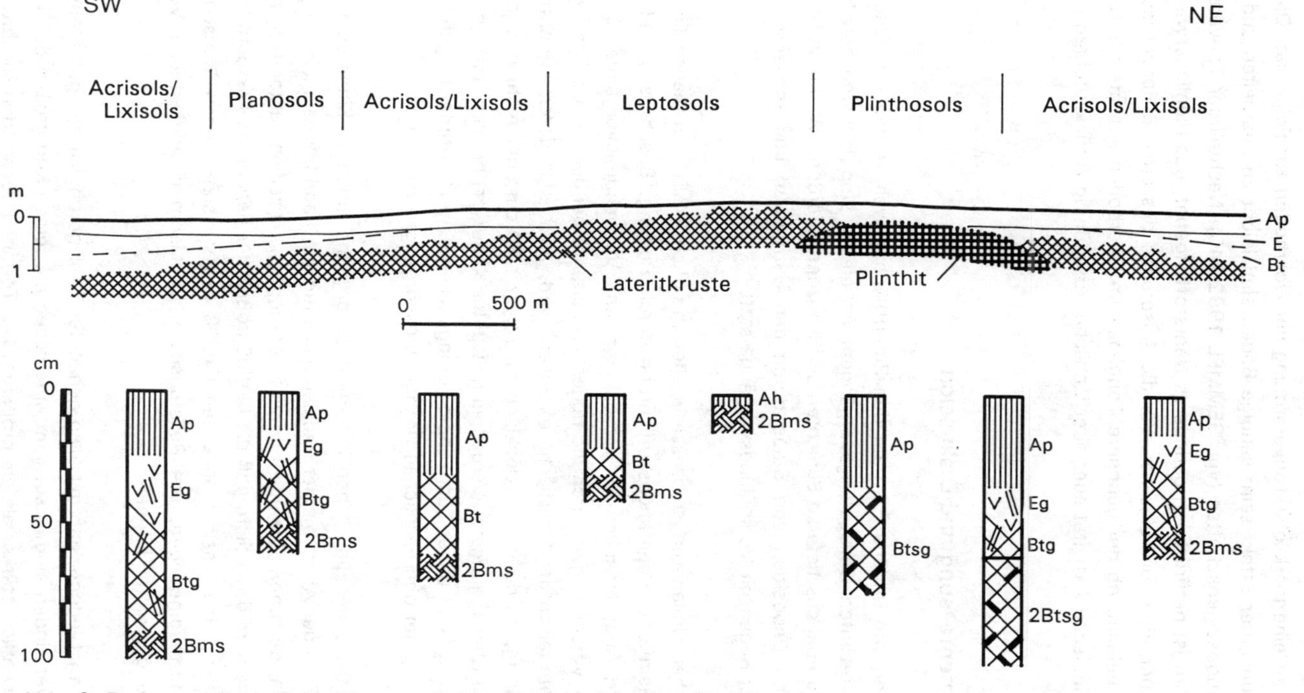

Abb. 3 Bodengesellschaft im Wasserscheidenbereich einer Lateritkrustenebene

bener Feldbau eine merkliche Tonverarmung der Oberböden zur Folge hat. Dies muß kein unerwünschter Effekt sein: sandige Böden sind leicht zu bearbeiten und haben gute Infiltrationseigenschaften (vgl. SEMMEL 1992:240). Nachteil der Tonverarmung im Oberboden ist natürlich ein geringeres Nährstoffangebot, das möglicherweise kürzere Anbauperioden zur Folge hat. Für die Ansprache des argic B-Horizontes ist es jedoch unerheblich, ob der geringere Tongehalt im Oberboden auf laterale Tonverlagerung, biologische Aktivität oder oberflächliche Ausspülung zurückzuführen ist (FAO 1988:22).

5 Zusammenfassung und Diskussion

Die im Süden von Burkina Faso auf den Rumpfflächen weit verbreiteten Decklehme unterliegen rezenten Umlagerungsvorgängen. An diesen sind Termiten beteiligt, die teilweise Material aus tieferen Schichten und Horizonten fördern. Weiterhin kommt es zur äolischen Deposition von Staub durch den Harmattan, und schließlich finden während der Regenzeit Verspülungsvorgänge statt.

Die natürlichen Umlagerungsprozesse werden in hohem Maße von menschlichen Aktivitäten beeinflußt. Vegetationsauflichtung durch Rodung, Buschbrand und Beweidung schafft Angriffsflächen für Verspülungs- und Verwehungsvorgänge. Desweiteren werden Verspülungen durch die Bodenbearbeitung, bei der das Gefüge gelockert und Feinmaterial an der Oberfläche exponiert wird, aber auch durch Viehtritt gefördert. Standorte, an denen die Decklehmmächtigkeit 30 cm oder mehr beträgt, werden oder wurden in jüngerer Vergangenheit unter Kultur genommen. Infolge der Bodenbearbeitung sind daher flächenhaft homogenisierte Ap-Horizonte ausgebildet, die die Beurteilung der oberflächlichen Umlagerungsvorgänge erschweren.

Eine Bilanzierung der natürlichen Umlagerungsvorgänge, etwa im Sinne einer grundsätzlichen Zu- oder Abnahme der Decklehmmächtigkeit, kann hierbei nicht vorgenommen werden, da schon eine quantitative Erfassung der einzelnen Faktoren nicht möglich ist. Zudem wird deutlich, daß die Einflußgrößen der genannten Faktoren kleinräumig schwanken und - selbst ohne den Einfluß des wirtschaftenden Menschen - je nach Standortbedingungen, wie Reliefposition, Decklehmmächtigkeit und Vegetationsbedeckung variieren können.

Zu erkennen ist jedoch, daß mit allen genannten Umlagerungsvorgängen Materialsortierungen verbunden sind. Insgesamt unterliegen die feinen Korngrößen den Umlagerungen wesentlich stärker als die größeren. Die Termiten verwenden für ihre Bauten vorwiegend Ton und Schluff und nur in geringem Umfang Sand. Durch den Harmattan wird vor allem Schluff ab- und umgelagert. Diesen beiden Vorgängen, bei denen es wohl eher zu einer Anreicherung von Feinmaterial an der Oberfläche kommen müßte, steht die Abspülung gegenüber, von der wiederum vorwiegend die kleineren Korngrößen betroffen sind.

Möglicherweise stellt eine Deckschicht, in der ein ausreichend mächtiger sandiger Oberboden über einem tonreicheren Unterboden liegt, einen stabilen Zustand dar, bei dem unter den gegebenen Klimabedingungen und ohne schwerwiegende anthropogene Eingriffe die Vorgänge der Ablagerung und Abtragung sich die Waage halten. Je mächtiger der Decklehm ist, desto weniger Material wird von Termiten und anderen Bodentieren aus größerer Tiefe gefördert. Und eine sandige Decklage mit einem hohen Pisolithanteil stellt einen guten Schutz vor Abspülung dar. Hinweis auf eine ausgeprägte rezente Umlagerungsdynamik ist vielleicht auch die geringe Intensität der Bodenbildung, wie sie SWOBODA (1994) beschreibt.

Literatur

ALEXANDRE, J. & SYMOENS, J. J. [Hrsg.] (1989): Stone-Lines. Journée d'étude, Bruxelles, 24 mars 1987. - Geo-Eco-Trop., **11**: 240 S.; Bruxelles.

BEAUDET, G. & COQUE, R. (1986): Les modelés cuirassés des savanes du Burkina Faso. - Rev. géol. dyn. géogr. phys., **27**: 213-224; Paris.

BLEICH, K. E. & MICHELS, U. & PAPENFUSS, K. H. (1991): Tonminerale und Standorteigenschaften in einer Kleinlandschaft im Osten von Burkina Faso. - Mitt. Dt. Bodenkdl. Ges., **66**: 1133-1136; Oldenburg.

FAO (1988): Soil Map of the World, Revised Legend. - World Soil Resources Report, **60**: 79 S.; Rom.

FAUST, D. (1991): Die Böden der Monts Kabyè (N-Togo) - Eigenschaften, Genese und Aspekte ihrer agrarischen Nutzung. - Frankfurter geowiss. Arb., Ser. D, **13**: 174 S.; Frankfurt a. M.

FÖLSTER, H. (1983): Bodenkunde - Westafrika (Nigeria - Kamerun). - Afrika-Kartenwerk, Beih. **W4**: 101 S.; Berlin, Stuttgart.

KRINGS, T. (1991): Kulturbaumparke in den Agrarlandschaften Westafrikas - eine Form autochthoner Agroforstwirtschaft. - Die Erde, **122**: 117-129; Berlin.

KÜPPERS, K. & MÜLLER-HAUDE, P. (1993): Sols, végétation et occupation du sol dans la région de la chaîne de Gobnangou. - Ber. Sonderforschungsbereich 268, **1**: 63-69; Frankfurt a. M.

McTAINSH, G. (1987): Desert loess in northern Nigeria. - Z. Geomorph., N. F., **31**: 145-165; Berlin, Stuttgart.

MENSCHING, H. (1970): Flächenbildung in der Sudan- und Sahelzone (Obervolta und Niger). - Z. Geomorph., N. F., Suppl.-Bd., **10**: 1-29; Berlin, Stuttgart.

MICHEL, P. (1977): Reliefgenerationen in Westafrika. - Würzburger geogr. Arb., **45**: 111-130; Würzburg.

MÜLLER-HAUDE, P.: Landschaftsökologie und traditionelle Bodennutzung in Gobnangou (SE-Burkina Faso, Westafrika). - Frankfurter geowiss. Arb., Ser. D; Frankfurt a. M. - [In Druckvorb.].

SEMMEL, A. (1986): Angewandte konventionelle Geomorphologie - Beispiele aus Mitteleuropa und Afrika. - Frankfurter geowiss. Arb., Ser. D, **6**: 114 S.; Frankfurt a. M.

SEMMEL, A. (1991): Relief, Gestein, Boden. - 148 S.; Darmstadt.

SEMMEL, A. (1992): Boden und Bodennutzung im Gulmaland (Südost-Burkina Faso). - Erdkunde, **46**: 234-243; Bonn.

SWOBODA, J. (1993): Naturraum und Bodennutzung in Nord-Benin. - Geomethodica, **18**: 59-83; Basel.

SWOBODA, J. (1994): Gestein, Relief und Bodenentwicklung im Grundgebirgsbereich Nord-Benins. - Frankfurter geowiss. Arb., Ser. D, **17**: 67-79; Frankfurt a. M.

VEIT, H. & FRIED, G. (1989): Untersuchungen zur Verbreitung und Genese verschiedenfarbiger Böden und Decklehme in Südost-Nigeria. - In: BÄR, W. F. & FUCHS, F. & NAGEL, G. [Hrsg.]: Beiträge zum Thema Relief, Boden und Gestein. - Frankfurter geowiss. Arb., Ser. D, **10**: 141-156; Frankfurt a. M.

Frankfurter geowiss. Arbeiten	Serie D	Band 17	67-79	Frankfurt am Main 1994

Gestein, Relief und Bodenentwicklung im Grundgebirgsbereich Nord-Benins

Jan Swoboda, Frankfurt am Main

mit 3 Abb.

1 Einleitung

Durch Initiative von Herrn Prof. Dr. Meurer (Karlsruhe) war es mir als Mitarbeiter im GTZ- Tierzuchtprojekt "Promotion d'élevage dans l'Atacora" (1989 bis 1991) möglich, dort auch Fragen der Landnutzung zu behandeln. Um ethnienspezifische Nutzungsarten - Viehzucht und Hackbau - und reliefabhängige Nutzungsstrukturen nachvollziehen zu können (vgl. SWOBODA 1994), war es nötig, das Naturraumpotential, besonders die Bodenentwicklung näher zu untersuchen. Während eines Aufenthalts von Prof. Dr. Dr. A. Semmel im Jahr 1989 in Benin ergab sich die Möglichkeit diese Frage vor Ort zu diskutieren. Herr Prof. Dr. Dr. A. Semmel (Frankfurt a. M.) betreute auch die anschließende Dissertations-Arbeit. Ich möchte ihm an dieser Stelle noch einmal herzlich dafür danken.

2 Klima und Vegetation

Das Arbeitsgebiet liegt im Bereich der wechselfeuchten Tropen. Es ist durch eine fünf bis sieben Monate dauernde Regenzeit gekennzeichnet. Die Niederschläge fallen mit der für die wechselfeuchten Tropen bekannt hohen zeitlichen und räumlichen Variabilität. Es werden im Schnitt zwischen 800 und 1200 mm Niederschlag gemessen, wobei die Extremwerte der letzten 15 Jahre von 600 bis 1500 mm reichen. Der Beginn der Regenzeit schwankt zwischen März und Mai. Die Jahresdurchschnittstemperatur beträgt etwa 25° C. Das Klima läßt sich nach Köppen der Aw-Klimazone, nach Troll und Paffen der V2-Zone zuordnen (s. Abb. 1).

Das Erscheinungsbild der Vegetation wird dominiert von mehr oder weniger stark anthropo-/zoogen überprägten Gehölzsavannen, die der Feuchtsavanne der südlichen Sudan-Zone zuzurechnen sind. Die ursprünglich hier entwickelten lichten bis dichten laubabwerfenden Wälder sind nur noch an Ausnahmestandorten anzutreffen. Im direkten Umfeld der bäuerlichen Siedlungen herrschen Brachestadien unterschiedlichen Alters vor, die teilweise bereits erhebliche Übernutzungserscheinungen erkennen lassen.

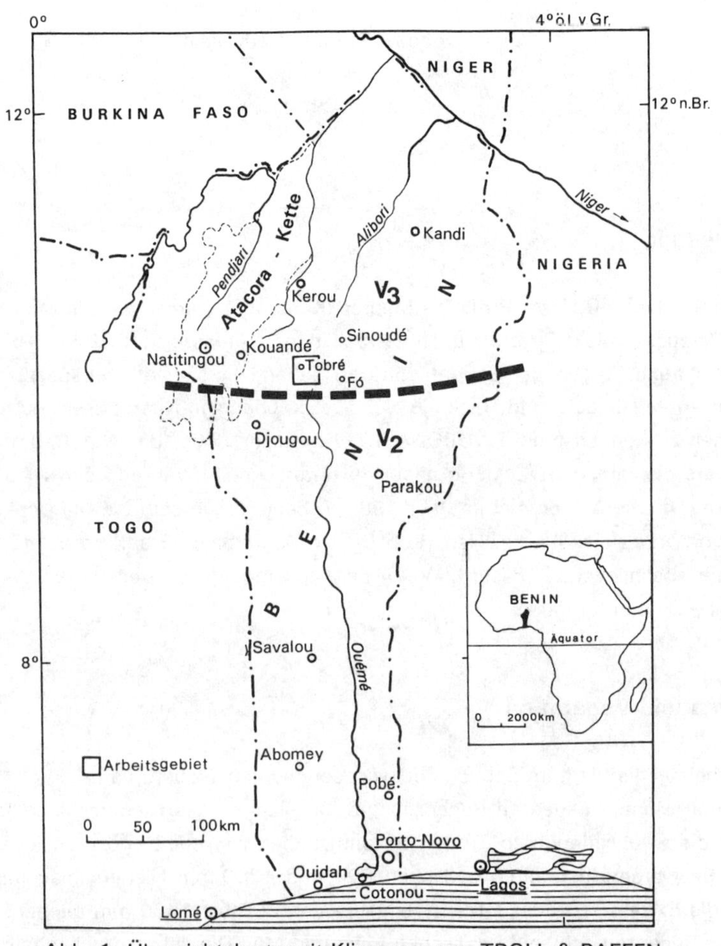

Abb. 1 Übersichtskarte mit Klimazonen n. TROLL & PAFFEN

3 Gestein und Relief

Der größte Teil des Arbeitsgebietes wird von ineinander verschachtelten, nach Norden abdachenden Pedimentresten eingenommen. Die Pedimentreste grenzen nach Süden an eine höherliegende, bis 6 Meter tief verwitterte Fläche an. Die hier großräumig vorhandene Lateritkruste ist nur durch einige weitgespannte, kaum geneigte Muldentäler gegliedert. Diese Fläche bildet die Hauptwasserscheide zwischen Zuflüssen des Mono, die nach Süden entwässern und Nigertributären, die das Arbeitsgebiet nach Norden entwässern.

Ein verzweigtes Netz von flachen Mulden und Rinnen sammelt hier den Abfluß, den zwei kleinere Flüsse, getrennt durch einen Quarzitrücken, nach Norden abführen (s. Abb. 2). Im östlichen Einzugsgebiet stehen überwiegend Phyllite an, im westlichen Einzugsgebiet Gneise und Granite. Untergeordnet treten auch Gneisglimmerschiefer und Hornblendeschiefer auf.

Die der Fläche nördlich vorgelagerten Pedimente lassen sich in ein tieferliegendes, junges Pediment und Reste eines weitgehend ausgeräumten, höherliegenden, meist eine Lateritkruste tragenden Pedimentes untergliedern (vgl. auch Untersuchungen in FAUST 1991). Das ursprünglich als Felsfußfläche im anstehenden Gestein ausgebildete junge Pediment wird durch Mulden und Bas-fonds sowie periodisch fließende Bäche weiter zergliedert bzw. aufgelöst. Die Bäche entwässern über Gneis und Granit zum westlichen Vorfluter und über Phyllit zum östlichen Vorfluter (s. Abb. 2).

Die Fließrichtung dieser Bäche folgt also nicht der ursprünglichen Pedimentabdachung nach Norden, sondern ist E-W orientiert. Die Bäche tasten dabei Klüfte und Verwerfungen nach, die aufgrund der dort erhöhten Wasserzügigkeit und entsprechende Vorverwitterung der Ausräumung weniger Widerstand entgegensetzen. Durch diese Bäche wird das junge Pediment über allen Gesteinen in mehrere kleine Einzugsgebiete aufgekammert. Die Reste des alten Pedimentes finden sich in Form von Krustenbergen ganz überwiegend in den Wasserscheidenbereichen zwischen den kleineren Einzugsgebieten.

Die Gerinne waren ursprünglich muldenförmig in das junge Pediment eingetieft. Heute sind diese Mulden im zentralen Teil der Mittel- und Unterläufe zerschnitten, im Oberlaufbereich leiten die hier nahezu unzerschnittenen Dellen ohne ausgeprägten Konkavknick zum jungen Pediment über. Im Unter- und Mittellauf haben sich mehrere Meter tiefe, überwiegend kastenförmige, 20 bis 80 m breite Hochflutbetten entwickelt, in die sich nochmals ein schmaleres, 1 bis 5 m breites Bachbett eingetieft hat.

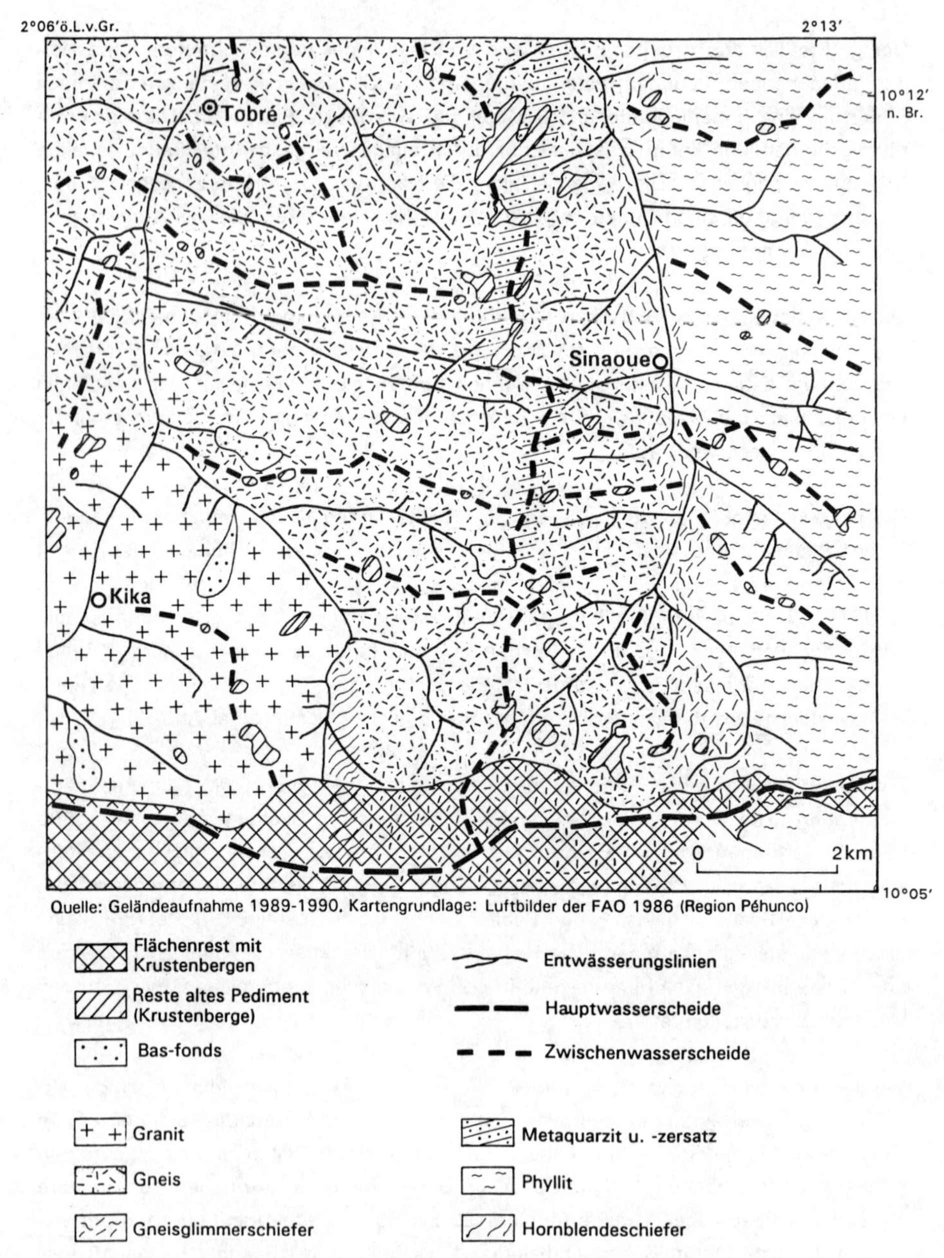

Abb. 2 Geomorphologisch-geologische Karte des Arbeitsgebietes

Die Ränder der ehemaligen Muldentäler werden besonders über Gneis und Granit von bis etwa 20 cm dicken, stellenweise aussetzenden Eisenkrusten nachgezeichnet. Diese Krusten werden von Hochflutereignissen nicht erreicht.

Diese Formenabfolge trifft auch für die beiden nach Norden entwässernden kleinen Flüsse zu. Nur sind die Mulden noch weiter gespannt und die sie begrenzenden Lateritkrusten bis etwa 50 cm mächtig.

Randlich der kleinen Muldentäler wird von auf ihre Hochflutbetten eingestellte Mulden und Rinnen der Zersatz angeschnitten. Das mitgeführte Material lagert sich als Hochflutsediment in den entsprechenden Bereichen ab. In den eigentlichen Bachläufen tritt besonders an der Grenze zu den größeren Muldentälern der beiden Flüsse, und dem damit verbundenen leichten Gefällsknick, stellenweise weniger verwitterter Zersatz (Saprolith) und untergeordnet auch frisches Anstehendes zutage. Die junge Zerschneidung eilt also der Verwitterung in diesem Gebiet voraus (vgl. auch die Untersuchungen in Zentralafrika von SEMMEL 1986:83ff.).

Randlich der Bas-fonds ist häufig ein konkaver Übergangsbereich zum eigentlichen Bas-fond Boden ausgebildet (vgl. MÄCKEL 1985). Besonders im Rückhangbereich zum jungen Pediment steht auch in solchen Reliefpositionen häufig oberflächennah noch Gesteinsstruktur aufweisender Zersatz (Saprolith) an. Diese Gesteins- und Reliefverhältnisse sind ausschlaggebend für die im Arbeitsgebiet entwickelten Böden.

4 Lockersedimentdecken

Auf der ehemaligen Felsfußfläche des jungen Pedimentes liegt weitverbreitet eine gelbe, tonige, bis 60 cm mächtige Lockersedimentdecke. Sie wird vom liegenden Gesteinszersatz durch eine aus Gangquarzbruchstücken und Pisolithen bestehende, lokkere Steinlage, die weitverbreitet und regelmäßig auftritt, begrenzt. Besonders die häufig in unverkitteter Form vorliegenden Pisolithe sprechen dafür, daß es sich um transportiertes Material handelt.

Der Gesteinszersatz weist über Gneis und Granit häufig noch Gefügemerkmale des Anstehenden auf. Die Korngrößenverteilung hat im Gneiszersatz ein Maximum von >50 % in der fS-Fraktion, gefolgt von mS und gU mit jeweils etwa 13 %. Im Granitzersatz liegt das Maximum mit >35 % in der mS-Fraktion, gefolgt von 30 % in der fS- und 20 % in der gS-Fraktion.

Im Phyllitzersatz treten Gefügemerkmale dagegen stark zurück. Der Zersatz ist tonig und gelblich verwittert. Das Korngrößenmaximum liegt mit 49 % in der Ton-Fraktion, gefolgt von 24 % in der gU-Fraktion. Ab etwa 60 cm Tiefe finden sich aber vereinzelt noch kleine Partien, an denen die Gesteinsstruktur zu erkennen ist.

Diese, den Gesteinszersatz in allen Bereichen des jungen Pedimentes überlagernde Lockersedimentdecke wird von stärker eingetieften Mulden und Rinnen zerschnitten und fehlt folglich dort.

Über Gneis und Granit wird diese Schicht von einer sandigen, bis 40 cm mächtigen Deckschicht überlagert. In Muldenbereichen wird die Deckschicht z. T. bis 60 cm mächtig. FÖLSTER (1983:60) datiert ähnlich aufgebaute Deckschichten in SW-Nigeria auf 2000 a BP (Phase A3). Diese Phase war mit Ausräumung im Talbereich und Gully-Erosion verbunden (FÖLSTER 1983:17).

FÖLSTER (1983:12) nimmt an, daß die in Geländedepressionen zunehmende Deckschichtmächtigkeit bereits während der Bildung dieser Schicht zustande kam. LEWIS (1976) und YOUNG (1960) maßen in Puerto Rico und Malawi in Verbindung mit Bodenkriechen infolge extremer Vernässung sowie Schrumpfungs- und Quellungsvorgängen jährliche Verlagerungsbeträge der oberen 10 cm im Zentimeterbereich. In größeren Tiefen wurden nur noch Verlagerungen sehr viel geringeren Ausmaßes festgestellt. Obwohl die Hänge des Untersuchungsgebietes im Gegensatz zu den vorgenannten Arbeitsgebieten sehr flach sind, und auch die Niederschlagsverteilung anders geartet ist, sind solche Bodenbewegungen auch im Untersuchungsgebiet nicht auszuschließen.

Über Phyllit beschränkt sich das Vorkommen der sandigen Deckschicht dagegen auf die Unterhänge. Die Mächtigkeit liegt in diesen Bereichen bei nur maximal 20 cm. Die Pisolith- und Gangquarzbruchstückanteile sind an den Unterhängen stark erhöht und bilden dort stellenweise Schuttpflaster.

Auf der Fläche des Hauptwasserscheidenbereiches sind dagegen im Gebiet der weitgespannten Muldentäler und in Randbereichen zu den krustenbedeckten Altflächenresten bis 2 m tiefgründige, nicht durch Steinlagen untergliederte, tonig-lehmige bis lehmig-tonige Gelb- und Rotlehme entwickelt. Eine sandige Deckschicht liegt diesen Böden nicht auf.

5 Böden

Die im Arbeitsgebiet entwickelten Böden sind also im Bereich des zergliederten jungen Pedimentes überwiegend in jüngeren allochthonen Lockersedimentdecken entwickelt (vgl. SEMMEL 1985). Die beschriebene, großräumig verbreitete Ausbildung der Deckschicht des jungen Pedimentes und der Eintiefungen wird kleinräumig modifiziert. Die stark reliefabhängige Schichtmächtigkeit und die trotzdem recht homogene Materialzusammensetzung der Deckschicht bereitet bei der Ansprache der Bodentypen Probleme. Eine in Materialzusammensetzung und Farbe sehr ähnliche Schicht muß je nach Ausbildung der unterlagernden Schicht verschiedenen Bodentypen und damit Bodenhorizonten zugeordnet werden.

Die recht homogene Ausbildung und das reichliche Vorkommen von Primärmineralen (Glimmerbruchstücke) in der sandigen Deckschicht veranlaßt zur Annahme, daß Wirken differenzierterer bodengenetischer Prozesse in dieser wahrscheinlich etwa 2000 Jahre alten Schicht als unwahrscheinlich anzusehen. Intensive Bodenbildung scheint nicht stattgefunden zu haben. Bei pH-Werten zwischen 5,2 und 5,8 ist lediglich eine schwache Verbraunung festzustellen.

Für die im Liegenden auftretende gelbe, tonige Schicht gilt sinngemäß das gleiche. Das Material stammt von der Fläche im Hauptwasserscheidenbereich. Die dort großräumig vorhandenen Gelblehme wurden teilweise aufgearbeitet und auf die ehemalige, vorgelagerte Felsfußfläche umgelagert. Dieses Pedisediment ist also bereits pedogenetisch überprägt.

Die zentimeterscharfe Grenze dieser gelben, tonigen Schicht im Bereich des jungen Pedimentes zum Strukturzersatz über Gneis und Granit läßt ein Durchgreifen der holozänen Verwitterung und intensive Bodenbildungen seit Anlage der Felsfußfläche auch hier als unwahrscheinlich erscheinen.

Das Bild weiter differenzierend tritt an der Grenze zur Deckschicht und der unterlagernden tonigen Schicht im Bereich des jungen Pediments in etwas feuchteren Geländedepressionen ein 10 bis 20 cm mächtiger Übergangshorizont auf. Anhand des Korngrößenspektrums und der Färbung kann das miteinander verwürgte Material der beiden Schichten erkannt werden. Obwohl teilweise dünne Tonbeläge auf nur selten in den Schichten enthaltenen Steinen und Krustenbruchstücken zu erkennen sind und sich wohl auf eine schwache Verlehmung zurückführen lassen, scheint der Durchmischungsprozeß zu dominieren.

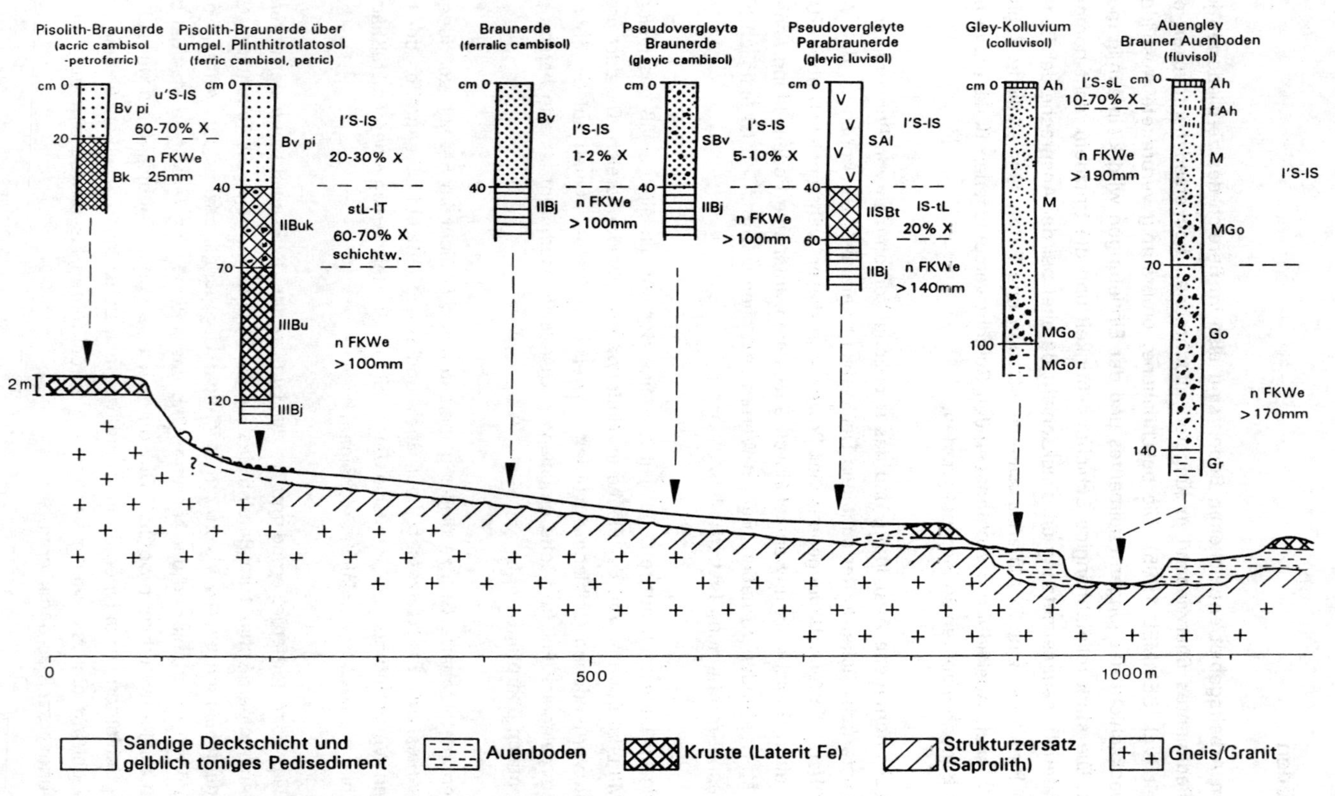

Abb. 3 Typische Bodenabfolge über Gneis und Granit

Für die tiefgründigen Rot- und Gelblehme der Muldentäler der Fläche im Hauptwasserscheidenbereich kann eine intensivere Bodenbildung dagegen nicht ausgeschlossen werden. Es ist aber aufgrund der sonstigen Bodenentwicklungen im Arbeitsgebiet unwahrscheinlich, hier einen Durchgriff der Bodenbildung zu vermuten.

Weitverbreitet liegt also eine aufgrund des Tongehaltes und des Gefüges (Pedisediment überwiegend mittel verfestigt, Ris, Ri 1, pri 4, bei geschlossener Lagerungsart) in der Regenzeit relativ dichte Schicht unter einer sandigen Deckschicht. Dementsprechend haben bereits leichte Geländedepressionen erhöhten Wasserzuzug zur Folge. Dadurch wird die Bodenentwicklung in Abhängigkeit der Kleinformen - neben den Auswirkungen der Petrovarianz - im Bereich des jungen Pediments vor allem durch den unterschiedlichen Wasserhaushalt modifiziert. Die Deckschicht ist davon weniger betroffen als die liegende Schicht. Die Braunerden der sandigen Deckschicht auf dem jungen Pediment leiten an den Unterhängen lediglich zu schwache Rostfleckung (Goethit) aufweisenden pseudovergleyten Braunerden über. Nur kleinräumig - z. B. am Beginn von Dellen - sind Pseudogleye entwickelt, die die Deckschicht und die liegende tonige Schicht überprägen (s. Abb. 3).

Auffällig ist, daß in der Deckschicht enthaltene Pisolithe vereinzelt, unverkittet vorliegen. Dies gilt auch für die sehr pisolithreichen Braunerden, die in unmittelbarer Umgebung zu den krustenbedeckten Altpedimentresten Plinthitrotlatosole überdecken.

Die Eisenkrusten bestehen überwiegend aus pisolithförmigen, 2 - 8 mm großen Eisenkonkretionen, die in eine Eisenmatrix eingebettet sind. Krustenbruchstücke werden bis zum Erreichen des Unterhangs weiter zerlegt. Die Eisenkonkretionen finden sich in Geländedepressionen, stellenweise von Kolluvium überdeckt über älteren Bodenbildungen oder Zersatz wieder. Bei freier Drainage sind diese Konkretionsschüttungen nicht eisenverkittet (vgl. SEMMEL 1992:103; VEIT & FRIED 1989:144). Nur in abflußlosen Geländedepressionen, die nahe der Krustenberge vereinzelt vorkommen, ist kleinräumig eine Eisenverkittung - vermutlich durch laterale Zufuhr - festzustellen.

Ähnliche Bedingungen gelten für die Bodenentwicklung in den Kolluvien und Hochflutlehmen. Auch hier wird die Bodenentwicklung überwiegend vom Wasserhaushalt gesteuert. Feinmaterialreiche Hochflutlehme bzw. Kolluvien ähnlicher Bodenart mit hohen, aus im Oberlauf oder am Hang angeschnittenen Zersatz stammenden Primärmineralanteilen entwickeln sich im Bereich abflußloser Uferdammrandsenken der Flußtäler zu Vertisolen, in den Rückhanglagen muldenförmiger Eintiefungen unter Bedingungen freier Drainage entwickeln sich dagegen nur sehr untergeordnet Vertisolkennzeichen.

6 Deckschichtgenese

Die Deutung der Genese der Deckschicht bereitet gewisse Schwierigkeiten. Es gibt Ansätze ähnlich gearteter Deckschichten, die auf Ausspülung, Termitentätigkeit oder Umlagerungsprozesse zurückzuführen sind (LEWIS 1976; FÖLSTER 1964; ROHDENBURG 1970; BREMER 1989).

Die Bildung von Residual-Pisolith- und Quarzbedeckungen läßt eine partielle Abspülung feinkörniger Bestandteile aus der Deckschicht vermuten (s. auch SEMMEL 1992: 101). Diese Steinbedeckungen sind jedoch meist in der Nähe in Zerlegung begriffener, auch geringmächtiger Lateritkrusten oder an Unterhängen zu finden. Abtragsmessungen mittels Erosionsmeßparzellen (SWOBODA, in Druckvorb.) ergaben, daß bereits nach 2 Jahren geschützter Brache kein meßbarer Bodenabtrag mehr auftritt. Damit wäre eine partielle Abspülung aus der Deckschicht flächenhaft erst seit der intensiveren anthropogenen Nutzung dieses Gebietes und/oder anderen klimatischen Verhältnissen in diesem Raum zu erwarten, die bereits vor über 2000 Jahren eingesetzt haben müßten. Nur unter aufgelichteter Vegetation ist mit Abspülung und Umlagerung von Feinmaterial und der Bildung einer entsprechenden Deckschicht zu rechnen.

Vor allem der Brandrodungsfeldbau und die Viehzucht sind als anthropogene Nutzungsformen zu nennen. Im Arbeitsgebiet hat sich heute durch diese Art der Nutzung das Artenspektrum der Gräser bereits von perennierenden zu sehr viel weniger regenerationsfähigen annuellen Arten verschoben (vgl. MEURER et. al. 1992). Durch diese Gräser kann eine ausreichende Bodenbedeckung durch erneuten Austrieb nach Beweidung oder Brand nicht wiederhergestellt werden. Die dadurch verstärkte Abspülung von Feinmaterial und auch organischen Bestandteilen kann in Zukunft eine zunehmende Verbreitung von Steinpflastern und eine verringerte Bodenfruchtbarkeit zur Folge haben.

Die hohe Dichte von Acker- und Brachflächen unterschiedlichen Alters kann die Ausspülung aus der Deckschicht ebenfalls unterstützen. Für die Anlage von Pflanzhügeln wird umgebendes Material aufgehäuft, der Boden 15 bis 20 cm tief durchmischt. Zwischen den Hügeln kann feineres Material abgeführt werden (vgl. MÜLLER-HAUDE 1994).

Auch die bioturbate Durchmischung, vor allem durch Termiten, ist bei der Entstehung der sandigen Deckschicht zu berücksichtigen. RUELLE (in PULLAN 1979:278) konnte zeigen, daß überdachte Termitarien unregelmäßige, zackige Formen aufweisen. Die bekannten Formen entstehen offenbar in Wechselwirkung von niederschlagsbedingter Abspülung und zoogener Bauaktivität. Die Bauaktivität scheint in der Regenzeit höher zu sein.

Auf stärker vernäßten Böden besteht für die Termiten nur eingeschränkt die Möglichkeit, Material des Unterbodens für den Hüllen- und Nestbau zu nutzen. Dies läßt sich bereits aus der Farbe der Bauten ableiten, die den Bodenhorizont, aus dem das eingearbeitete Material stammt, erkennen läßt. Überwiegend das Material der hangenden Deckschicht wird in solchen Reliefpositionen zum Nestbau verwandt. Die Korngrößenverteilung der Deckschicht ändert sich in solchen Relieflagen deshalb nicht. Nach NYE (1955:75) beschränken sich die Termiten für den Hüllenbau auf Korngrößen bis zu 2 mm. Für den Nestbau liegt das Maximum wegen der nötigen Darmpassage bei 0,5 mm; es ist aber häufig geringer. Die Hüllen liefern im Arbeitsgebiet überwiegend Feinsand und Ton, die Nester Grobschluff. Das Baumaterial ist damit feinkörniger als die Deckschicht. Hier liegen die Feinsandanteile zwischen 22 und 36 %. Mittelsandanteile liegen zwischen 12 und 36 %. Grobschluff liegt zwischen 12 und 17 %. Vor allem die Tongehalte, die bei den Hüllen bis 30 % erreichen, finden in der Deckschicht keine Entsprechung.

Auch auf den lateritkrustenüberdeckten Altpedimentresten finden sich, falls sie nicht beweidet werden, was häufig ihre Zerstörung zur Folge hat, hohe Termitariendichten. Trotz der großen Termitarienanzahl überwiegen auf diesen Formen bis 20 cm mächtige, braune Böden mit Pisolithgehalten >70 %. Verspültes, sandig-lehmiges Feinmaterial findet sich in einigen Spülrinnen, die größere Krustenbergreste entwässern. Diese Spülrinnen sind nur einige Dezimeter breit, und die Durchgangsaufschüttungen erreichen bis 5 cm Mächtigkeit.

Auffällig ist, daß die Deckschicht überwiegend eine ähnliche Korngrößenverteilung wie der Gneis- und Granitzersatz aufweist (vgl. FAUST 1992). Unterhalb der Ausbisse quarzreicher Gesteinspartien ist festzustellen, daß der Grobsandanteil dort deutlich erhöht ist. Zersatzmaterial mit der Deckschicht entsprechenden Korngrößenverteilung wird wohl auch eingemischt, ist aber nicht als solches zu identifizieren.

Auch der Einfluß der Harmattanstäube mit Korngrößen im mU- bis T-Bereich ist zu berücksichtigen (vgl. MÜLLER-HAUDE 1994).

Aus den genannten Beispielen wird deutlich, daß es schwer fällt, den Materialtransport für die Decklage auf den Einfluß von Termiten zu beschränken, oder nur die Ausspülung für die Deckschichtgenese heranzuziehen. Andererseits ist es schwierig, ein entsprechend weitverbreitetes Zersatzliefergebiet anzuführen, zumal der Zersatz auf dem jungen Pediment weiträumig durch den älteren umgelagerten Gelblehm von der sandigen Deckschicht getrennt wird.

7 Zusammenfassung

Die Bodenentwicklung im Arbeitsgebiet beschränkt sich in der sandigen Deckschicht auf eine leichte Verbraunung. In der liegenden Lockersedimentlage differenziert besonders das Bodenwasser je nach Reliefposition die Bodenentwicklung weiter und wirkt sich i. d. R. nur schwach auf die Deckschicht aus. Das durch eine Erosionsdiskordanz getrennte, dem Zersatz aufliegende Material war bereits pedogenetisch überprägt und weist gelblehmähnlichen Charakter auf. Es stammt aus dem Bereich der Hauptwasserscheide. Die Herkunft der Deckschicht ist dagegen nicht eindeutig zu klären. Wahrscheinlich ist ihre Entstehung von mehreren zusammenwirkenden Faktoren abhängig. Die Bodenentwicklung findet also in Sedimenten unterschiedlicher Genese statt.

Literatur

BREMER, H. (1989): Allgemeine Geomorphologie. - 450 S.; Berlin, Stuttgart.

FAUST, D. (1991): Die Böden der Monts Kabyè (N-Togo) - Eigenschaften, Genese und Aspekte ihrer agrarischen Nutzung. - Frankfurter geowiss. Arb., Ser. D, **13**: 174 S.; Frankfurt a. M.

FÖLSTER, H. (1964): Morphogenese der südsudanesischen Pediplane. - Z. Geomorph., N. F., **8**: 393-423; Berlin, Stuttgart.

FÖLSTER, H. (1983): Bodenkunde - Westafrika (Nigeria-Kamerun). - Afrika-Kartenwerk, Beih. **W 4**: 101 S.; Berlin, Stuttgart.

LEWIS, H. (1976): Soil movement in the tropics - a general model. - Z. Geomorph., N. F., Suppl.-Bd. **25**: 132-144; Berlin, Stuttgart.

MÄCKEL, R. (1985): Dambos and related landforms in Africa - an example for the ecological approach to tropical geomorphology. - Z. Geomorph., N. F., Suppl.-Bd. **52**: 1-23; Berlin, Stuttgart.

MEURER, M. & REIFF, K. & STURM, H. J. (1992): Savannentypen im Nordwesten Benins und ihr weidewirtschaftliches Potential - Floristische und weideökologische Analysen als Basis standortgemäßer Nutzungsstrategien. - Geobot. Kolloq., H. **8**: 3-18; Frankfurt a. M.

NYE, P. H. (1955): Some soil-forming processes in the humid tropics. IV. The action of the soil fauna. - J. Soil Sci., **6** (1): 73-83; Oxford.

PULLAN, R. A. (1979): Termite hills in Africa: Their characteristics and evolution. - Catena, **6**: 267-291; Braunschweig.

ROHDENBURG, H. (1970): Morphodynamische Aktivitäts- und Stabilitätszeiten statt Pluvial- und Interpluvialzeiten. - Eiszeitalter u. Gegenwart, **21**: 81-96; Öhringen.

SEMMEL, A. (1985): Böden des feuchttropischen Afrikas und Fragen ihrer klimatischen Interpretation. - Geomethodica, **10**: 71-89; Basel.

SEMMEL, A. (1986): Angewandte konventionelle Geomorphologie - Beispiele aus Mitteleuropa und Afrika. - Frankfurter geowiss. Arb., Ser. D, **6**: 116 S.; Frankfurt a. M.

SEMMEL, A. (1993): Grundzüge der Bodengeographie - 3. Aufl., 127 S.; Stuttgart.

SWOBODA, J.: Geoökologische Grundlagen der Bodennutzung und deren Auswirkung auf die Bodenerosion im Grundgebirgsbereich Nord-Benins - Ein Beitrag zur Landnutzungsplanung. - Frankfurter geowiss. Arb., Ser. D; Frankfurt a. M. - [In Druckvorb.].

VEIT, H. & FRIED, G. (1989): Untersuchungen zur Verbreitung und Genese verschiedenfarbiger Böden und Decklehme in Südost-Nigeria. - In: BÄR, W. F. & FUCHS, F. & NAGEL, G. [Hrsg.]: Beiträge zum Thema Relief, Boden und Gestein. - Frankfurter geowiss. Arb., Ser. D, **10**: 141-156; Frankfurt a. M.

YOUNG, A. (1960): Soil movement by denudational processes on slopes. - Nature, **188**: 120-122; London.

Frankfurter geowiss. Arbeiten	Serie D	Band 17	81-96	Frankfurt am Main 1994

Bodensequenzen im Kroumirbergland Nordtunesiens und ihre Bedeutung für Fragen der Bodenerosion

Dominik Faust, Eichstätt

mit 4 Abb. und 2 Tab.

1 Einleitung

Im gesamten circummediterranen Raum sind Waldzerstörung und Bodenerosion altbekannte Probleme. Das Landschaftsbild wird augenscheinlich durch die Waldzerstörung verändert, das Landschaftspotential hingegen, das weniger offensichtlich ist, wird maßgeblich durch die Folgen der Waldzerstörung beeinträchtigt. Wir dürfen heute davon ausgehen, daß die Beseitigung der Vegetation morphodynamische Prozesse nach sich zieht, denn die Vegetation steuert in entscheidender Weise die Morphodynamik (DIECKMANN et al. zuletzt 1992). Die Frage, die immer wieder erhoben wird, ist nur, ob der Mensch oder das Klima für die veränderten Vegetationsbedingungen verantwortlich gemacht werden können. Markante Klimaumschwünge aus dem Holozän, die eine grundlegend veränderte Morphodynamik zur Folge hatten, sind für das Kroumirbergland Nordtunesiens nicht belegt (FAUST 1993). Es liegt demnach nahe, daß vor allem der Mensch und seine Wirtschaftsweise als Impulsgeber für morphodynamische Prozesse im Holozän angesehen werden.

Während eines längeren beruflichen Aufenthaltes als Ressourcenschutzexperte im Kroumirbergland Nordtunesiens (Abb. 1) bestand die Aufgabe darin, geeignete Maßnahmen zur Bodenerhaltung und Erosionsverminderung zu erarbeiten (FAUST 1991, 1992). Weite Teile des Kroumirberglandes sind von starker Erosion betroffen, deren Hauptursache offensichtlich mit der starken Zuwanderung von Familienverbänden aus dem Medjerdatal in Zusammenhang steht. Zu Beginn der französischen Protektoratszeit suchten getreideanbauende Familienverbände Zuflucht in der unwegsamen Kroumerie. Die Anpassung der Zuwanderer an das vorhandene Steilrelief ist bis heute nur sehr unzureichend erfolgt. Ein traditionelles Agrarwissen der Bevölkerung, das dem Naturraum gerecht würde, ist praktisch nicht vorhanden. Starke Bodenerosion ist nicht nur an den Steillagen der Kroumerie zu beobachten, sondern ist durch eine, insbesondere in den letzten 150 Jahren erfolgte, verstärkte Auenlehmsedimentation im Medjerdatal dokumentiert.

Wir können heute davon ausgehen, daß die Böden weiter Teile des Kroumirberglandes erst seit den letzten beiden Jahrhunderten einem verstärkten Erosionsprozeß unterliegen. Ausgenommen davon sind die südlichen Gebirgszüge, die zum Medjerdatal vermitteln, in den Sektoren Oued Gherib und Rbia, denn diese Zone wurde vermutlich schon seit der römischen Landnahme ackerbaulich genutzt.

In der vorliegenden Studie werden die Abhängigkeiten zwischen Gestein, Relief, Boden und Bodenerosion anhand von idealisierten Geländeschnitten thematisiert. Die Gestein-Relief-Boden-Beziehung steht hierbei im Vordergrund, denn nur über die Erfassung dieser Beziehung ist es möglich, Aussagen zum unterschiedlichen Erosionsverhalten der Böden zu machen. Für die verschiedenen Erosionsschutzmaßnahmen ist von absolut untergeordneter Bedeutung, quantitative Erosionswerte zu ermitteln, sondern es müssen Standortunterschiede herausgearbeitet werden, damit die geplanten Schutzmaßnahmen den Standorten gerecht werden. Diese Standortunterschiede ergeben sich aus den Lagerungsverhältnissen der Gesteine und aus dem lückenhaften Vorhandensein von Umlagerungsdecken. Der Erhalt der Umlagerungsdecken, die die Standorteigenschaften maßgeblich beeinflussen, hängt in besonderer Weise von der Hangform sowie der Lage und Distanz zur Erosionsbasis ab.

2 Vorgehensweise

Die vorliegende Studie ist das Ergebnis von intensiven Geländebegehungen und Kartierungen, die die grundlegenden Erkenntnisse zur Verbreitung und Entstehung der Böden und Straten erbrachten. Die Differenzierung und Identifizierung der Böden und Umlagerungsdecken wurde weitgehend in Aufschlüssen vorgenommen, und die Befunde durch Laboranalysen ergänzt. Es wurde eine konventionell geomorphologische Arbeitsweise verfolgt, wobei mit einfachen Hilfsmitteln und praktikablen, wenig aufwendigen Methoden Lösungsansätze erarbeitet wurden. SEMMEL (z. B. 1986) hat auf die Vorzüge dieser Arbeitsweise immer wieder hingewiesen und in zahlreichen Publikationen deren Anwendbarkeit eindrucksvoll belegt.

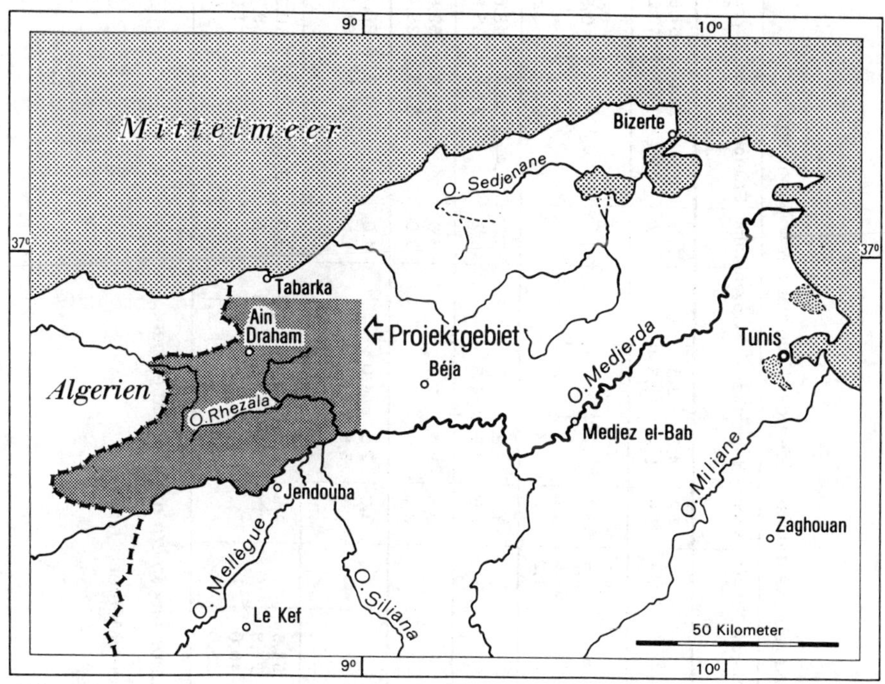

Abb. 1 Lage der Projektzone

3 Grundsätzliche bodenkundliche Ausgangssituation

Es ist in einem Steilrelief, wie es in der Kroumerie angetroffen wird, nicht verwunderlich, daß die Bodenentwicklung durch Verlagerungsprozesse immer wieder gestört bzw. unterbrochen wird. Somit entstehen Böden auf exponierten Standorten direkt auf anstehendem Ausgangsgestein, dort, wo sich Umlagerungsdecken erhalten haben, sind die Böden in ihnen entwickelt. Wie diese Umlagerung vonstatten ging, ist nicht eindeutig geklärt. In den Hochlagen der Kroumerie dürften während der europäischen Glazialzeiten Wechselfrostbedingungen geherrscht haben. Die Grenze kann etwa bei 700 m angesetzt werden. Unterhalb dieser Grenze werden zwar auch Umlagerungsdecken angetroffen, denen die eindeutigen Merkmale für gelisolifluidalen Transport fehlen. Auch oberhalb der 700 m-Marke sind die makroskopischen Belege für gelisolifluidale Umlagerung nur unsicher zu erbringen. Die deutliche Einregelung der gröberen Gesteinskomponenten erlaubt den Schluß, daß die Umlagerungsdecke langsam und stetig hangabwärts gewandert ist. Auch NIERSTE-KLAUSMANN (1990:51) legt

Tab. 1 Korngrößen, Kalkgehalt und Schwermineralbestand repräsentativer Böden der Kroumerie NW-Tunesiens

Proben und Entnahmetiefe	S	U	T	$CaCO_3$ %	Gew% SM am FS	Alterit	Amphib.	Baryt	Biotit	Epidot +Zoisit	Granat	Pyroxen	Rutil	Staurol.	Turmal.	Zirkon
Ain Soltane II -45	**56**	24	20	**2,1**	**0,07**	6,0			7,2	4,8	2,3		2,8	0,5	23,0	61,5
-70	**4**	51	45	**0,1**	**1,88**	7,5			5,9	5,9	0,6		7,2		27,7	45,2
* -25	18	56	26	24,2	1,42	1,3		**38,2**								
Ain Soltane III -60	11	59	30	26,8	1,13	2,4		**19,7**								0,5
-95	17	41	43	34,5	1,52			**64,0**								
- ?	12	59	29	46,8	1,42			**1,2**								
Seraya I -32	**56**	26	18		0,40	1,4			3,5	2,8			3,5	1,4	38,9	48,6
-75	**6**	23	71	0,5	0,33	4,6			4,5	7,7	1,5		6,2		21,5	53,8
Seraya II -35	53	32	15	0,9	**0,10**	2,0			**10,4**	**8,4**	**2,0**		5,0		12,9	59,9
-68	17	40	43	0,5	**1,20**	9,1			**2,1**				3,0		37,3	39,4
-17	51	20	12	0,7	**0,16**	1,0			**3,0**	**2,5**	1,0		**4,0**	0,5	21,7	66,7
Tegma 4 -55	36	39	25		**9,58**	5,5				**5,5**					27,8	61,1
-110	13	41	63													
-20	44	34	22	0,6	0,77	18,2	**54,5**		**4,5**	2,3		2,3	2,3	**3,4**	**2,3**	10,2
Oued Gherib -60	45	27	27	0,2	0,67	59,3	**27,8**					1,8	1,8			9,3
-94	28	32	40		1,59	78,1	**19,0**					1,9				1,0
- ?	62	17	21		0,32	70,3	25,0			1,0		2,1	1,0			1,0

* Die Schwermineralanalyse enthielt große Mengen an Karbonatkörnern mit Limonitbelegen.

Die fettgedruckten Werte weisen auf eine Schichtung des Materials hin.

sich hier nicht eindeutig fest. Die Geländebefunde belegen zweifelsfrei eine deutliche Schichtung in nahezu sämtlichen Bodenprofilen, was durch die Laborbefunde bestätigt werden konnte (s. Tab. 1).

Die Böden der landwirtschaftlichen Nutzflächen sind stark kolluvial überprägt. In den Kolluvien werden Ziegelreste, Tonscherben und Holzkohle in großer Anzahl gefunden. Die Umlagerungsprozesse in den landwirtschaftlich genutzten Geländeeinheiten dauern bis heute an. Eine deutliche Bodenansprache ist kaum möglich, da die Böden keine oder nur eine geringe Profildifferenzierung aufweisen. Bei kalkhaltigem Ausgangsmaterial weisen auch die Böden bzw. die Kolluvien bis in die Tiefenlinien noch Kalk auf.

Im Gegensatz dazu stehen die Böden der Waldstandorte: Hier hat sich in der obersten Umlagerungsdecke, sofern diese durch einen hohen Sandanteil charakterisiert ist, eine deutliche Lessivierung vollzogen, und es entstanden basenarme Parabraunerden (Acrisols, Fahlerden). Die Horizontdifferenzierung kann sich im kalkfreien, sandigen Milieu in relativ kurzer Zeit vollziehen. Stark sandiges Kolluvium auf Acker- und Weidestandorten zeigt diese Horizontierung allerdings nicht. Demnach gehe ich davon aus, daß die basenarmen Parabraunerden der Waldstandorte einen deutlich längeren Bildungszeitraum für sich in Anspruch nehmen dürfen. Die Waldstandorte wurden offensichtlich in den letzten 200 Jahren der Landnahme nicht überformt. Auch vor dieser Zeit kann man von morphodynamischer Stabilität und Bodenbildung in den unwegsamen Hochlagen der Bergregionen ausgehen. Der Mensch tritt hier im Holozän nicht merklich in Erscheinung (ROUBET 1978; MAY 1991). Eine Bodenentwicklung und kräftige Profildifferenzierung ist demnach für das Holozän in diesen Bereichen unschwer nachzuvollziehen, zumal die Kammlagen der Kroumerie mit über 1500 mm Niederschlag im Jahr die höchsten Werte Gesamttunesiens aufweisen (GIESSNER 1984) und zu den niederschlagsreichsten Zonen des Mediterranraums zählen. Gefördert werden die Auswaschungstendenzen im Boden durch massive Waldweidenutzung seit Beginn der Landnahme. Die Böden degradieren, Podsolierungstendenzen sind vielerorts deutlich zu erkennen (FAUST 1993).

4 Geologisch-geomorphologische Einführung

Die Projektzone (Abb. 1) befindet sich im Bereich der östlichen Ausläufer des Atlassystems. Die Atlasorogenese schuf die grundlegenden Voraussetzungen für die Reliefgenese. Steil aufgefaltete, harte Gesteinsschichten bilden die Kammlagen, wobei im Norden und im Südwesten der numidische Sandstein die höchsten Erhebungen bildet. Im Zentrum und im Südosten sind es steil aufgestellte, harte Kalksteinschichten, die die oberen Hangpartien formen. Die unteren Hangabschnitte sind i. d. R. in weichem Tonmergel bzw. Tonschiefermergel entwickelt und deutlich flacher, es sei denn, die Distanz zur Erosionsbasis ist extrem kurz. Dort, wo Hauptabflußbahnen weit in das Steilrelief zurückgreifen, sind die Hänge trotz des geologischen Wechsels nicht gegliedert, sondern ziehen als sehr steile, gestreckte Hänge zur Tiefenlinie.

Zwischen den harten Gesteinen der Oberhänge und den weichen Gesteinen der Unterhänge kann eine Flyschwechsellage eingeschaltet sein, die durch ein unruhiges, hügelig-welliges Relief gekennzeichnet ist.

Im folgenden werden repräsentative Bodensequenzen des Kroumirberglandes vorgestellt, wobei die Auswahl der Beispiele den vielfältigen Gesteinswechsel und die sich daraus ergebenden geomorphologischen Einheiten berücksichtigt.

4.1 Die Böden der Kalkstein-Mergel-Abfolge

In der Kernzone des Projektgebietes bilden stark aufgefaltete Kalksteinschichten die Kammlagen aus. Diese Kalksteinserie setzt im Sektor Gloub Thirène (Quellgebiet des Oued Rhezala) ein, durchzieht das Projektgebiet von West nach Ost und biegt bei Jendouba in eine SW-NE-Richtung entsprechend dem Medjerdaverlauf um. Erst außerhalb der Projektzone werden die Kalksteinmassive zum dominanten landschaftsprägenden Faktor. Nach Béja hin nehmen sie schon weite Flächenareale ein, und in der östlichen Fortsetzung sind sie das prägende Gestein des Mogod-Berglandes.

Im Vergleich zu den Sandsteinmassiven der Kroumerie, die durch dichte Wald- und Macchien-Vegetation gekennzeichnet sind, fällt auf, daß die Kalksteinpositionen - von Ausnahmen abgesehen - fast vegetationslos sind oder bestenfalls eine degradierte Garrigue tragen. Abb. 2 zeigt diesen Wechsel sehr anschaulich. Die Aufnahme entstand ca. 25 km östlich von Ain Draham und zeigt nach Osten. Im Vordergrund auf Sandstein ist ein dichter Korkeichenwald ausgebildet, im Hintergrund sind die entblößten Kalksteinmassive zu erkennen. Naturräumlich verläuft hier die Grenze zwischen Kroumerie und Mogod.

Die Kalksteinpositionen der oberen versteilten Hangpartien sind aufgrund der fehlenden Vegetation von starker Bodenerosion betroffen. Weite Teile sind völlig erodiert, und der Kalkstein tritt an die Oberfläche. Natürlich wirkt sich das Fehlen einer Vegetations- und Bodenbedeckung auf das Abflußverhalten des Niederschlagswassers aus.

Abb 2 Korkeichenwald, Machie und Kalksteinmassive

Es fließt hauptsächlich oberirdisch ab, erhöht hangabwärts seine aggressive Wirkung und schädigt entsprechend die Unterhangbereiche.

Die Bodenabfolge auf den Kalkstein-Mergel-Abhängen sieht folgendermaßen aus: In den steilen Oberhangbereichen mit völlig entblößten Kalksteinen finden wir nur noch vereinzelt Bodenreste vor, die Standorte der Protorendzinen. In günstigeren Positionen, wo sich eine geringe Schuttdecke erhalten konnte, entwickeln sich Rendzinen unterschiedlicher Ausprägung. Im weiteren Hangverlauf wird die Kalksteinschuttdekke mächtiger, und tiefgründige, tiefhumose Rendzinen bestimmen das Landschaftsbild. Die Kalksteinschuttdecke bedeckt hier schon den Mergel, der in den flacheren Unterhangbereichen ansteht. Diese Positionen sind die stabilsten in der gesamten Toposequenz. Bei Fehlen der Schuttdecke, wie es in den Steillagen häufig beobachtet werden kann, sind die liegenden Tonmergel völlig erodiert. Die dunkle Eigenfarbe des Mergels und Schrumpfungsrisse in der trockenen Jahreszeit täuschen stellenweise eine vertisolartige Pedogenese vor. Sicher kann davon ausgegangen werden, daß die tonigen Mergel primär einen hohen Anteil quellfähiger Tonminerale besitzen (Analysen wurden hierzu nicht durchgeführt), aber die exponierte Lage der Mergelstandorte innerhalb der beschriebenen Toposequenz läßt eine kontinuierliche Pedogenese kaum zu. Vorherrschende Böden auf Mergeln ohne Kalksteinschuttdecke sind Mergelrendzinen oder Kolluvisole aus umgelagertem Mergelboden.

Die Kalksteinrendzinen, die in der Kalksteinschuttdecke entwickelt sind, besitzen die besten Bodeneigenschaften der gesamten Abfolge. Sie sind gut durchlüftet, besitzen eine günstige Bodenstruktur (Krümelgefüge) und zeichnen sich im Ah-Horizont durch auffallend dunkle Farben (10 YR 2/2) aus. Die Mergelrendzinen sind wesentlich erosionsanfälliger, da sie dichter gelagert sind, weniger Porenraum besitzen und einen geringen Gehalt an organischer Substanz im Oberboden aufweisen. Die Bodenfarbe schwankt zwischen 2,5 YR 4/2 (rötlichbraun) und 5 Y 4/1 (dunkelgrau). Die am

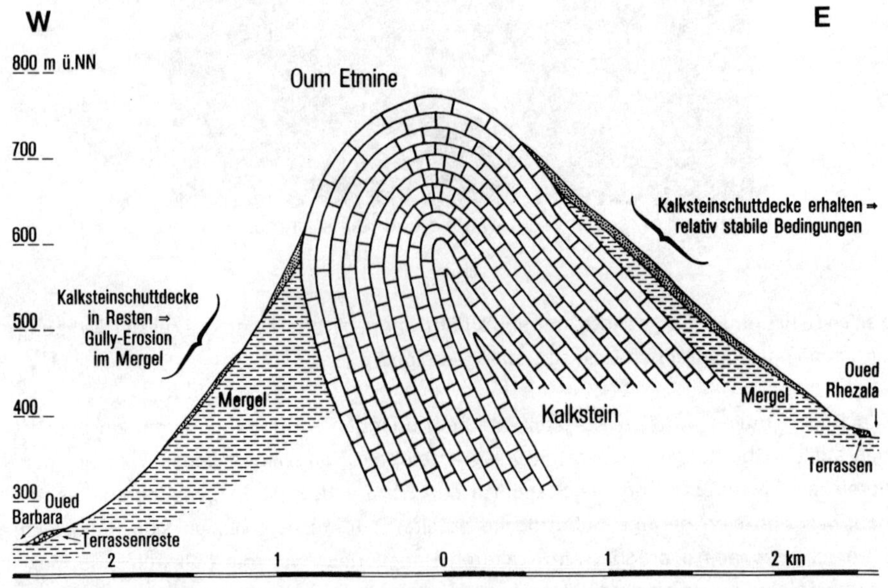

Abb. 3 Erosion in der Kalkstein-Mergel-Abfolge in Abhängigkeit zur Lage der Vorfluter

stärksten von Erosion betroffenen Gebiete in der gesamten Projektzone sind die Mergelstandorte ohne schützende Kalksteindeckschicht, die unterhalb steiler Kalksteinmassive die Unterhänge bilden. In Abb. 2 wird verdeutlicht, wie die Lagerungsverhältnisse der Kalksteine und Mergel die Bodenverbreitung und den Erosionsgrad der Böden bestimmen. Das Beispiel stammt aus dem Sektor Gloub Thirène und zeigt außerdem die Lage der lokalen Erosionsbasen, die das Erosionspotential deutlich zu beeinflussen scheinen.

4.2 Die Böden der Sandstein-Flysch-Mergel-Abfolge

Völlig anders stellt sich die Situation in der Sandstein-Flysch-Mergel-Abfolge dar. Der numidische Sandstein formt in weiten Teilen der Projektzone die oberen, versteilten Hangformen und in den unteren, flachen Geländeabschnitten stehen weiche Mergel an. Im Kontaktbereich zwischen Sandstein und Mergel sind stellenweise Wechsellagerungen von Sand- und Tonsteinschichten (Flysch) eingeschaltet. Diese Positionen sind durch ein unruhiges, welliges Relief charakterisiert. Ein generelles Charakteristikum des Kroumirberglandes ist der häufige Wechsel des geologischen Ausgangssubstrates und somit des oberflächennahen Untergrundes, was eine bodenkundliche Kartierung der Region nahezu unmöglich macht. Aus diesem Grunde ist es sinnvoller, idealtypische Bodenabfolgen, entsprechend den morphologischen und geologischen Gegebenheiten, herauszuarbeiten und zu skizzieren.

Die Bodenabfolge (Abb. 3) beginnt auf steilen Oberhängen im Sandstein. Bei geringerer Hangneigung gehen die flachgründigen, gering entwickelten Ranker der Steillagen in lessivierte Braunerden, bei pH-Werten unter 4 in podsolige Braunerden über (Acrisols - Podzoluvisols). Diese Böden sind in einer Umlagerungsdecke entwickelt mit stark lehmig-sandigen Oberböden (Sl4) und sandig-tonig-lehmigen Hauptböden (B-Horizont = Lts), die immer noch einen Sandgehalt von über 45 Gew.% besitzen. Die Böden tragen weitverbreitet einen immergrünen, mediterranen Korkeichenwald, in der höheren Stufe einen laubabwerfenden Eichenwald (Quercus faginea). Das Retentionsvermögen dieser Standorte ist hoch. Die Infiltrationsraten der Böden sind hoch, ebenso die Wasserspeicherkapazität des liegenden, grundwasserleitenden Sandsteins. In Dorfnähe ist aufgrund der intensiven Waldweidenutzung im Korkeichenwald die Krautschicht nicht mehr vorhanden. Die Degradierung der Wälder durch Auflichtung, Holzgewinnung, Schneitelung und Waldweide der in Oberhangpositionen gelegenen Flächen führt zu einem erhöhten Oberflächenabfluß mit ungehindertem, konzentriertem Abfluß, der die hangabwärts gelegenen Flächen gefährdet. Zu der immer wieder geforderten Schutzmaßnahme, den Druck auf die Ressource Wald zu verringern, gibt es nach wie vor keine ähnlich wirksame Alternative. Insbesondere die oberen Catenaglieder sind für die Schäden der unteren maßgeblich verantwortlich. Ein gut ausgeprägter Wald mit intakter Stratifikation und entsprechend günstigen bodenkundlichen Bedingungen in den oberen Hanglagen trägt maßgeblich zur Stabilisierung des gesamten Hangsystems bei.

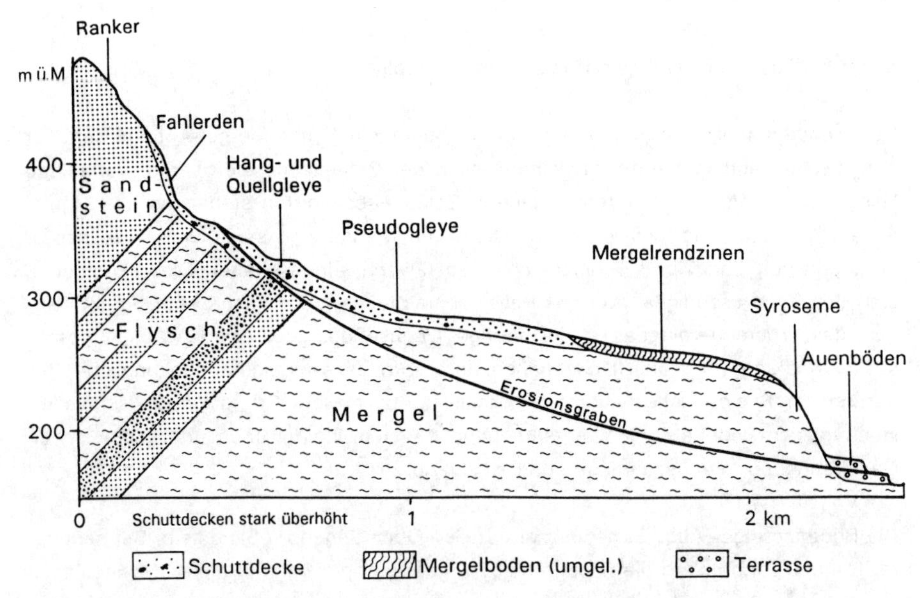

Abb. 4 Böden und Relief der Sandstein-Flysch-Mergel-Abfolge

Die numidischen Sandsteine werden von wechsellagernden Sand- und Tonsteinschichten (Flysch) unterlagert, und die Morphologie ist durch ein unruhiges Relief gekennzeichnet. Die Steilheit des Geländes nimmt merklich ab. Die Tonschichten bewirken Vernässungen oder Quellaustritte und das unruhige Relief ist Ausdruck von Quellerosion und lokalen, kleinen Hangrutschungen.

Die Böden sind in sandigen Umlagerungsdecken entwickelt, die von den Sandsteinpositionen hangabwärts wanderten. Die Bodenbildung wird durch Hydromorphie bestimmt, und die vorherrschenden Bodentypen sind primäre Pseudogleye und Hanggleye. In diesen Lagen wechseln die Standorteigenschaften auf engstem Raum. Analog zu den wechselnden Standortbedingungen sind unterschiedliche Erosionsformen ausgebildet. Hangrutschungen sind am weitesten verbreitet, und der Erosionsschutz sieht biologische Stabilisierung der Hänge vor, und zwar mit Pflanzen, die einen hohen Wasserbedarf besitzen und ein weitreichendes Wurzelsystem entwickeln. In den letzten Jahren wird verstärkt propagiert, Mahdwiesen anzulegen, da diese eine geschlossene Vegetationsbedeckung garantieren.

Unterhalb der Flysch-Wechsellagerungen folgen i. d. R. weiche Mergel, die die unteren Catenaglieder bilden. Die zunehmende Verflachung dieser Reliefeinheit ist auf den weichen Mergeluntergrund zurückzuführen. Im oberen Bereich der Mergelstandorte liegt immer noch eine sandige Umlagerungsdecke über dem Mergel mit primären Pseudogleyen aus sandiger Deckschicht (Sw) über Mergel (IISd) als vorherrschendem Bodentyp. Mit zunehmender Hangverflachung dünnt die sandige Lockermaterialdecke aus und die Bodenfeuchtebedingungen werden ungünstiger. Die sandig-lehmige Deckschicht ist durch winterliche, starke Vernässung und sommerliche, scharfe Austrocknung gekennzeichnet. Dieser Effekt nimmt mit abnehmender Mächtigkeit der sandigen Lockermaterialdecke zu. Mit zunehmender Entfernung von den Sandsteinmassiven nimmt der Sandgehalt in der Umlagerungsdecke logischerweise ab, und die unteren, sehr flachen Mergelhänge tragen Böden aus einer Umlagerungsdecke (Kolluvium), die mit dem anstehenden Mergel milieuidentisch ist. Die Böden sind hier vorwiegend als Mergel-Rendzinen oder Hangkolluvisole aus mergeligem Bodensediment zu bezeichnen, die, sofern Kalkmergel ansteht, sämtlich kalkhaltig sind. Es sind schwach entwickelte Böden mit einem hohen Anteil quellfähiger Tonminerale (Tongehalt bis über 60 %) und dunkler Eigenfarbe, die schwarzerdeähnliche bzw. vertisolähnliche Bedingungen vermuten lassen könnten. Aufgrund ihrer geringen Hangneigung sind diese Standorte überwiegend in Kultur genommen und werden hauptsächlich mit Getreide bebaut. Allerdings sind diese Mergelflächen von tief eingeschnittenen Erosionsgräben durchzogen, die ihren Ursprung unterhalb der Sandsteinmassive haben und auf den Vorfluter eingestellt sind. Diese Situation hat SEMMEL (1986: 102) in einer Abbildung anschaulich beschrieben. Die Schuttdecke auf dem Mergel ist in unserem Fall allerdings sandig ausgebildet. Die größten Schäden entstehen im unteren Bereich der Mergelfläche, dort, wo sich die Erosionsgräben am tiefsten eingeschnitten haben (s. Abb. 4).

Die Toposequenz leitet mit einem Steilabfall in den Auenbereich über. Diese Positionen sind von starker Erosion betroffen, der Ton- bzw. Kalkmergel ist vielfach freigelegt und die Bodenbildung kommt i. d. R. über ein Syrosemstadium nicht hinaus. Im Gegensatz zu den Sandsteinpositionen und Flächen mit mächtiger Sandsteinschuttdecke, auf denen die Erosionsschutzmaßnahmen auf Wasserspeicherung und Retention ausgerichtet sind, ist man auf den Mergelstandorten bestrebt, die Erosionsschutzmaßnahmen auf rasche, kontrollierte Wasserabfuhr auszurichten. Man muß davon ausgehen, daß das Gesamtsystem nicht in der Lage ist, bei starken Niederschlägen diese in ausreichendem Maße aufzunehmen. Insbesondere auf den Mergelstandorten ist der Oberflächenabfluß hoch, zumal weite Teile der Kulturflächen zu Beginn der Regenzeit vegetationslos sind. Auf flachen Mergelhängen werden in berechenbaren Abständen (FAUST 1991) Vegetationsstreifen angelegt, um die Hanglänge zu verringern.

Außerdem sollten die Flächen auf Tonmergeln nicht mehr höhenlinienparallel gepflügt werden, wie es in letzter Zeit "weltumspannend" propapiert wird. Höhenlinienparallel gepflügte Böden der Tonmergelhänge neigen dazu, auf der Pflugsohle langsam hangabwärts zu rutschen. Mit Markierversuchen ließ sich eindeutig beobachten, daß es zu Bewegungsabläufen kommt, deren Ausmaß natürlich von der Regenleistung (Dauer und Intensität) abhängt. Auf eigenen Versuchsflächen wurden zwei Regenperioden beobachtet. Im Herbst 1992 konnte auf einem 9,5 % geneigten Hang nach der höhenlinienparallelen Pflugarbeit eine Bewegung der markierten Ackerschollen von durchschnittlich 20 cm ermittelt werden. Weiterhin konnte beobachtet werden, daß nichtmarkierte "Schollenverbände" über größere Distanzen (bis 70 cm) förmlich auf der Pflugsohle abrutschten. In der ersten Versuchsreihe im Frühjahr waren die Ergebnisse weniger aussagekräftig. Die gewonnenen Erkenntnisse ermutigen uns zur Empfehlung, daß auf tonigen Mergelhängen weiterhin in Hangrichtung gepflügt werden soll, damit das überschüssige Niederschlagswasser in den Ackerfurchen besser abfließen kann.

Die empfindlichsten Bereiche sind die tiefen Erosionsgräben auf den Mergelflächen. Sie haben die Tendenz sich rückschreitend in alle Richtungen in die Mergelfläche einzuschneiden. Die mechanische Verbauung dieser Gräben hat sich als nahezu unwirksam erwiesen, obgleich eine Steinsohle das Tiefenwachstum des Grabens eindämmt. Die steilen Flanken der Gräben, an denen der Mergel an die Oberfläche kommt, sind am besten mit Weidegräsern (ohne Beweidung natürlich) und zwei- oder mehrjährigen Leguminosen (z. B. Sulla) zu stabilisieren. Die Anpflanzung von Buschwerk auf den Flanken hat sich als kaum durchführbar erwiesen, da die jungen Anpflanzungen in den ersten Jahren unter Schutz gestellt werden müssen, der in nötigem Ausmaß nicht zu bewerkstelligen ist. Für die Steilhänge, die zum Auenbereich überleiten, sollten vergleichbare Erosionsschutzmaßnahmen zur Anwendung kommen.

Die Terrassen- und Auenstandorte sind die ertragreichsten landwirtschaftlichen Produktionsflächen im Projektgebiet. Die Flüsse haben sich in den Auenlehm und den

Terrassenkörper eingeschnitten und fließen im Anstehenden. Im Flußbett werden Gerölle und Schotter transportiert und abgelagert. Nur im Bereich von Talweitungen sind die Flußböschungen abgeflacht, und der Übergang vom aktuellen Flußbett zum Hochflutlehmbereich ist fließend, obgleich die Hochwasserstrandlinie im Hochflutlehm deutlich morphologisch ausgeprägt ist. Der Hochflutlehmbereich über der tiefsten Terrasse, auf dem die ertragreichen Böden ausgebildet sind, wird heute offensichtlich nur noch ausnahmsweise überflutet.

5 Die holozäne Bodenentwicklung

Aus den beschriebenen Bodenabfolgen geht hervor, daß weite Teile der Kroumerie von aktueller Bodenerosion betroffen sind. Das Geschehene kann nicht rückgängig gemacht werden. Dieser Bodenverlust ist vor allem beklagenswert, weil die Regenerationsdauer bzw. die Zeitdauer der Bodenbildung nicht bekannt ist, jedoch i. d. R. maßlos unterschätzt wird. Bodenschutzprojekte und Bodenschutzstrategien ignorieren diesen Sachverhalt beharrlich. In meiner Tätigkeit als Bodenschutzexperte in der Kroumerie kostete es viel Kraft, in- wie ausländische Kollegen davon zu überzeugen, daß der Erosionsschutz sich auf gefährdete Gebiete beschränken muß, wo noch intakte Böden vorhanden sind und weniger auf solche, wo die Böden schon weitgehend erodiert sind. Aus diesem Grunde ist die Frage nach der holozänen Verwitterungsdynamik und Bodenbildung keine rein akademische, sondern hat sehr starken praktischen Bezug. Die holozäne Bodenentwicklung kann aber nur auf relativ stabilen Standorten beleuchtet werden. Dazu müßten die Umlagerungsdecken, in denen die Böden entstanden sind bzw. in denen sich eine kräftige Horizontierung ergeben hat, exakt datiert werden. Aufgrund mangelnder Zeitmarken war eine Datierung der Umlagerungsdecken nicht möglich, dennoch gehe ich davon aus, daß die Profildifferenzierung und Bodenbildung zur basenarmen Parabraunerde sich nur im Holozän vollzog.

Andererseits muß festgehalten werden, daß in den sandigen Kolluvien der Kroumerie keine Horizontdifferenzierung beobachtet werden konnte und daß die kalkhaltigen Kolluvien nicht entkalkt sind. Die Datierung der Kolluvien blieb allerdings ebenso ergebnislos.

Auch das Alter der Hochflutlehme kann nur unsicher angegeben werden, da im Kroumirbergland die Auenlehme nicht die Mächtigkeit aufweisen, wie wir sie aus der Medjerdaebene kennen. In die Medjerdasedimente hat sich der Fluß heute bei Jendouba bis 6 m eingetieft. Die Sedimentation der Hochflutlehme, die an den Uferböschungen im Profil aufgeschlossen sind, begann vor über 8000 Jahren (vgl. SCHARPENSEEL &

ZAKOSEK 1979). SCHWEIKLE (1993) läßt die Sedimentation des Auenlehms in Nordalgerien ab 3000 BP einsetzen und geht von klimatischen Impulsen aus, die zur Auenlehmsedimentation führten. Auf Nordtunesien kann dieser Befund allerdings nicht übertragen werden, zumal noch mehrere stabile Phasen nach 3000 BP in Nordtunesien belegt sind (vgl. FAUST 1993).

NIERSTE-KLAUSMANN (1990) geht von einer Schwarzerdeentwicklung im Holozän für den nordalgerischen Raum aus. Für Nordtunesien belegen SCHARPENSEEL & ZAKOSEK (1979) Vertisolation in der frühen Phase (bis 4500 BP) des Holozäns. Allerdings beziehen sich die Untersuchungen von SCHARPENSEEL & ZANOSEK (1979) auf die Medjerdaebene mit wesentlich trockneren Klimabedingungen als sie der Kernraum der Kroumerie aufweist.

Südlich der Ortschaft Fernana konnte auf der untersten Terrasse des Oued Rhezala ein Profil aufgenommen werden, das zur Frage der Bodenentwicklung in der Kroumerie Hinweise gibt. Der liegende Terrassenkörper gehört zur jüngsten Terrassengeneration und wird zeitlich dem Spätwürm zugeordnet. Das Feinmaterial der Terrasse ist kalkhaltig (7 %). Die Terrasse bedeckt ein 80 cm mächtiger Hochflutlehm, der deutlich in eine hangende, 30 cm mächtige, kalkfreie Lage und eine liegende, 50 cm mächtige kalkhaltige Lage gegliedert werden kann. Die hangende Lage ist wesentlich sandiger und enthält Tonscherben und Holzkohle. Sie läßt sich in einen humosen (1,8 %) Ap-Horizont und einen M-Horizont gliedern. Mit einer sehr deutlichen, gradlinigen Begrenzung folgt ein tonig-lehmiger IIA-Horizont mit einem Humusgehalt von 1,9 %. Der Sandanteil im Hochflutlehm geht von 55 % im M-Horizont auf 15 % im IIA-Horizont zurück (vgl. Tab. 2). Auch die Schwermineralanlaysen belegen eine Schichtung. Der humose IIA-Horizont deutet auf phasenweise stabile Bedingungen hin. Der IIA-Horizont geht undeutlich in den II(M)C-Horizont über. Beide Horizonte sind in einer Schicht entwickelt. Der IIA-Horizont ist nahezu entkalkt und enthält noch 1,4 % $CaCO_3$. Dieser Kalkgehalt kann durch Bioturbation durchaus eingemischt sein. Im II(M)C-Horizont steigt der Kalkgehalt mit zunehmender Bodentiefe kontinuierlich an und beträgt über der Terrasse 13,5 %; erreicht hier die höchsten Werte im gesamten Profil.

Es ist offensichtlich, daß im IIA-Horizont neben intensiver Humifizierung eine holozäne Entkalkung stattgefunden hat. Die Tiefe der Entkalkung kann nicht mit Sicherheit angegeben werden, da nicht bekannt ist, wieviel entkalktes Material vor der Ah-Horizontbildung, während der die Entkalkung weiterlief, abgetragen wurde. Zumindest ist die Bodenbildung im Auenlehm schon längere Zeit durch die Überlagerung des jüngsten Sediments abgebrochen.

Tab. 2 Analysewerte (Auszug) von Auenlehm (Fernana, NW-Tunesien)

Tiefe in cm	S	U	T	Humus	$CaCO_3$	Biotit	Rutil	Andalusit
0 - 15	52	37	11	1,8	-			
15 - 30	56	26	18	0,8	-	33,5	2,5	-
30 - 45	15	61	24	1,9	1,4	23,7	3,1	-
45 - 80	35	44	21	0,8	13,5			
80 - ?	76	12	12	0,4	7,2	8,4	6,9	1,5

Es kann davon ausgegangen werden, daß bei morphodynamischer Stabilität die Bodenentwicklung im Kroumirbergland im Laufe des Holozäns Entkalkung, Entbasung, Humifizierung und in tieferen Lagen Vertisolisation aufweist. Dazu muß beachtet werden, daß die Vertisolation sich in einem Ausgangssubstrat mit hohen Anteilen primärer, quellfähiger Tonminerale abspielte, somit von anderen Dominanzfaktoren (vgl. NIERSTE-KLAUSMANN 1990:59) abhängt und wenig über das Bodenbildungspotential des Klimas im Holozän aussagt. Die jungen Kolluvien zeigen keinerlei Profildifferenzierung. Über ihr Alter ist wenig bekannt, vermutlich entstanden sie aber erst in der jungen Besiedlungsphase. Die festen Kalk- und Sandsteine der steilen Oberhangbereiche sind nahezu unverwittert.

Es bleibt festzuhalten, daß die holozäne Bodenbildungsintensität nur in Sedimenten wie Umlagerungsdecken und Hochflutlehmen studiert werden kann. Die Befunde zeigen an, daß sich die Bodenbildung im Holozän offensichtlich ausschließlich auf die "schnellen" Prozesse wie Entkalkung, Verlagerung von Ton, Eisen und Nährstoffen sowie Humifizierung beschränkt. Die "langsamen" Prozesse, die eine Auflösung des Gesteinsverbandes, Mineralneubildung und Verlehmung zur Folge haben, sind jedoch für den Zeitraum des Holozäns nicht nachweisbar. Diese Prozesse sind aber notwendig, um Lockermaterialdecken entstehen zu lassen. Vor diesem Hintergrund muß der Bodenschutz auch ein Schutz der Lockermaterialdecken sein, denn diese sind nur in beschränkten Mächtigkeiten vorhanden (vgl. SEMMEL 1993).

Literatur

DIECKMANN, H. & MOTZER, H. & HARRES, H.-P. & SEUFERT, O. (1992): Vegetation and Erosion. Investigations on Erosion Plots in Southern Sardinia. - Geoökoplus, Vol. **III**: 139-149; Darmstadt.

FAUST, D. (1991): Plan d'aménagement - Projet clairières forestières, secteur 1 - 8. - République Tunisienne, Ministère de l'agriculture: 77 S.; Tunis [unveröff.].

FAUST, D. (1992): Rapport final de la mission en aménagement 1991/1992. - République Tunisienne, Ministère de l'agriculture: 125 S.; Tunis [unveröff].

FAUST, D. (1993): Probleme des Ressourcenschutzes in Nordtunesien. - Geomethodica, Vol. **18**: 112-128; Basel.

GIESSNER, K. (1984): Naturraum und landschaftsökologische Probleme. - In: SCHLIEPHAKE, K. [Hrsg.]: Tunesien: 23-74; Würzburg.

MAY, T. (1991): Morphodynamik und Bodenbildungen im westlichen Mittelmeerraum seit dem mittleren Holozän - anthropogen oder klimatisch gesteuert? Theoretische Überlegungen und konkrete Beispiele. - Geogr. Z.; **79** Jg., H. 4: 212-229; Stuttgart.

NIERSTE-KLAUSMANN, G. (1990): Gestein, Relief, Böden und Bodenerosion im Mittellauf des Oued Mina (Oran-Atlas, Algerien). - Frankfurter geowiss. Arb., Ser. D, **11**: 163 S.; Frankfurt a. M.

SCHARPENSEEL, H. W. & ZAKOSEK, H. (1979: Phasen der Bodenbildung in Tunesien. - Z. Geogmorph., N. F., Suppl.-Bd. **33**: 118-126; Berlin, Stuttgart.

SCHWEIKLE, V. (1993): Genese und Standorteigenschaften von Böden auf Alluvionen Nordalgeriens. - Mitt. Dt. Bodenkdl. Ges., **72**: 1051-1054; Göttingen.

SEMMEL, A. (1986): Angewandte konventionelle Geomorphologie. Beispiele aus Mitteleuropa und Afrika. - Frankfurter geowiss. Arb., Ser. D, **6**: 116 S.; Frankfurt a. M.

SEMMEL, A. (1993): Bodenregenerierung und "tolerierbare Bodenerosion" im Rhein-Main-Gebiet. - Frankf. Beitr. Did. Geogr., **12**: 234-240; Frankfurt a. M.

Anschriften der Autoren

FAUST, Dominik, Dr.: Lehrstuhl für Physische Geographie, Katholische Universität Eichstätt, Ostenstraße 18, D-85072 Eichstätt.

HEINRICH, Jürgen, Dr.: Institut für Physische Geographie, Johann Wolfgang Goethe-Universität, Senckenberganlage 36, D-60325 Frankfurt a. M.

MÜLLER-HAUDE, Peter, Dr.: Institut für Physische Geographie, Johann Wolfgang Goethe-Universität, Senckenberganlage 36, D-60325 Frankfurt a. M.

SWOBODA, Jan, Dr.: Lahmeyer International GmbH, Lyoner Straße 22, D-60528 Frankfurt a. M.

THIEMEYER, Heinrich, Dr.: Institut für Geographie, Friedrich-Schiller-Universität, Löbdergraben 32, D-07743 Jena.

FRANKFURTER GEOWISSENSCHAFTLICHE ARBEITEN

Herausgegeben vom Fachbereich Geowissenschaften

Johann Wolfgang Goethe-Universität Frankfurt am Main

Serie A: Geologie - Paläontologie

Band 1 MERKEL, D. (1982): Untersuchungen zur Bildung planarer Gefüge im Kohlengebirge an ausgewählten Beispielen. - 144 S., 53 Abb.; Frankfurt a. M.
DM 10,--

Band 2 WILLEMS, H. (1982): Stratigraphie und Tektonik im Bereich der Antiklinale von Boixols-Coll de Nargó - ein Beitrag zur Geologie der Decke von Montsech (zentrale Südpyrenäen, Nordost-Spanien). - 336 S., 90 Abb., 8 Tab., 19 Taf., 2 Beil.; Frankfurt a. M.
DM 30,--

Band 3 BRAUER, R. (1983): Das Präneogen im Raum Molaoi-Talanta/SE-Lakonien (Peloponnes, Griechenland). - 284 S., 122 Abb.; Frankfurt a. M.
DM 16,--

Band 4 GUNDLACH, T. (1987): Bruchhafte Verformung von Sedimenten während der Taphrogenese - Maßstabsmodelle und rechnergestützte Simulation mit Hilfe der FEM (Finite Element Method). - 131 S., 70 Abb., 4 Tab.; Frankfurt a. M.
DM 10,--

Band 5 KUHL, H.-P. (1987): Experimente zur Grabentektonik und ihr Vergleich mit natürlichen Gräben (mit einem historischen Beitrag). - 208 S., 88 Abb., 2 Tab.; Frankfurt a. M.
DM 13,--

Band 6 FLÖTTMANN, T. (1988): Strukturentwicklung, P-T-Pfade und Deformationsprozesse im zentralschwarzwälder Gneiskomplex. - 206 S., 47 Abb., 4 Tab.; Frankfurt a. M.
DM 21,--

Band 7 STOCK, P. (1989): Zur antithetischen Rotation der Schieferung in Scherbandgefügen - ein kinematisches Deformationsmodell mit Beispielen aus der südlichen Gurktaler Decke (Ostalpen). - 155 S., 39 Abb., 3 Tab.; Frankfurt a. M.
DM 13,--

Band 8 ZULAUF, G. (1990): Spät- bis postvariszische Deformationen und Spannungsfelder in der nördlichen Oberpfalz (Bayern) unter besonderer Berücksichtigung der KTB-Vorbohrung. - 285 S., 56 Abb.; Frankfurt a. M.
DM 20,--

Band 9 BREYER, R. (1991): Das Coniac der nördlichen Provence ('Provence rhodanienne') - Stratigraphie, Rudistenfazies und geodynamische Entwicklung. - 337 S., 112 Abb., 7 Tab.; Frankfurt a. M.
DM 25,90

Band 10 ELSNER, R. (1991): Geologische Untersuchungen im Grenzbereich Ostalpin-Penninikum am Tauern-Südostrand zwischen Katschberg und Spittal a. d. Drau (Kärnten, Österreich). - 239 S., 61 Abb.; Frankfurt a. M.
DM 24,90

Band 11 TSK IV (1992): 4. Symposium Tektonik - Strukturgeologie - Kristallingeologie. - 319 S., 105 Abb., 5 Tab.; Frankfurt a. M.
DM 14,90

Band 12 SCHMIDT, H. (1992): Mikrobohrspuren ausgewählter Faziesbereiche der tethyalen und germanischen Trias (Beschreibung, Vergleich und bathymetrische Interpretation). - 228 S., 45 Abb., 9 Tab., 11 Taf.; Frankfurt a. M.
DM 21,90

B e s t e l l u n g e n z u r i c h t e n a n :

Geologisch-Paläontologisches Institut der Johann Wolfgang Goethe-Universität, Postfach 11 19 32, D-60054 Frankfurt am Main

FRANKFURTER GEOWISSENSCHAFTLICHE ARBEITEN

Herausgegeben vom Fachbereich Geowissenschaften
Johann Wolfgang Goethe-Universität Frankfurt am Main

Serie B: Meteorologie und Geophysik

Band 1 BIRRONG, W. & SCHÖNWIESE, C.-D. (1987): Statistisch-klimatologische Untersuchungen botanischer Zeitreihen Europas. - 80 S., 26 Abb., 5 Tab.; Frankfurt a. M.
DM 7,--

Band 2 SCHÖNWIESE, C.-D. (1990): Grundlagen und neue Aspekte der Klimatologie. - 2. Aufl., 130 S., 55 Abb., 11 Tab.; Frankfurt a. M.
DM 10,--

Band 3 SCHÖNWIESE, C.-D. (1992): Das Problem menschlicher Eingriffe in das Globalklima ("Treibhauseffekt") in aktueller Übersicht. - 2. Aufl., 142 S., 65 Abb., 13 Tab.; Frankfurt a. M.
DM 8,--

Band 4 ZANG, A. (1991): Theoretische Aspekte der Mikrorißbildung in Gesteinen. - 209 S., 82 Abb., 9 Tab.; Frankfurt a. M.
DM 19,--

Bestellungen zu richten an:

Institut für Meteorologie und Geophysik der Johann Wolfgang Goethe-Universität, Postfach 11 19 32, D-60054 Frankfurt am Main

FRANKFURTER GEOWISSENSCHAFTLICHE ARBEITEN

Herausgegeben vom Fachbereich Geowissenschaften

Johann Wolfgang Goethe-Universität Frankfurt am Main

Serie B: Meteorologie und Geophysik

Band 1 [illegible]

Band 2 [illegible]

Band 3 [illegible]

Band 4 [illegible] Frankfurt a. M. [illegible]

[illegible]

FRANKFURTER GEOWISSENSCHAFTLICHE ARBEITEN

Herausgegeben vom Fachbereich Geowissenschaften

Johann Wolfgang Goethe-Universität Frankfurt am Main

Serie C: Mineralogie

Band 1 SCHNEIDER, G. (1984): Zur Mineralogie und Lagerstättenbildung der Mangan- und Eisenerzvorkommen des Urucum-Distriktes (Mato Grosso do Sul, Brasilien). - 205 S., 9 Abb., 9 Tab.; Frankfurt a. M.
DM 12,--

Band 2 GESSLER, R. (1984): Schwefel-Isotopenfraktionierung in wäßrigen Systemen. - 141 S., 35 Abb.; Frankfurt a. M.
DM 9,50

Band 3 SCHRECK, P. C. (1984): Geochemische Klassifikation und Petrogenese der Manganerze des Urucum-Distriktes bei Corumbá (Mato Grosso do Sul, Brasilien). - 206 S., 29 Abb., 20 Tab.; Frankfurt a. M.
DM 13,50

Band 4 MARTENS, R. M. (1985): Kalorimetrische Untersuchung der kinetischen Parameter im Glastransformations-Bereich bei Gläsern im System Diopsid-Anorthit-Albit und bei einem NBS-710-Standardglas. - 177 S., 39 Abb.; Frankfurt a. M.
DM 15,--

Band 5 ZEREINI, F. (1985): Sedimentpetrographie und Chemismus der Gesteine in der Phosphoritstufe (Maastricht, Oberkreide) der Phosphat-Lagerstätte von Ruseifa/Jordanien mit besonderer Berücksichtigung ihrer Uranführung. - 116 S., 11 Abb., 5 Taf., 27 Tab., 36 Anl.; Frankfurt a. M.
DM 16,--

Band 6 ZEREINI, F. (1987): Geochemie und Petrographie der metamorphen Gesteine vom Vesleknatten (Tverrfjell/Mittelnorwegen) mit besonderer Berücksichtigung ihrer Erzminerale. - 197 S., 48 Abb., 9 Taf., 26 Tab., 27 Anl.; Frankfurt a. M.
DM 15,--

Band 7 TRILLER, E. (1987): Zur Geochemie und Spurenanalytik des Wolframs unter besonderer Berücksichtigung seines Verhaltens in einem südostnorwegischen Pegmatoid. - 173 S., 25 Abb., 2 Taf., 20 Tab.; Frankfurt a. M.
DM 12,--

Band 8 GÜNTER, C. (1988): Entwicklung und Vergleich zweier Multielementanalysenverfahren an Kohlenaschen- und Bodenproben mittels Röntgenfluoreszenzanalyse. - 124 S., 38 Abb., 37 Tab., 1 Anl.; Frankfurt a. M.
DM 13,--

Band 9 SCHMITT, G. E. (1989): Mikroskopische und chemische Untersuchungen an Primärmineralen in Serpentiniten NE-Bayerns. - 130 S., 39 Abb., 11 Tab.; Frankfurt a. M.
DM 14,--

Band 10 PETSCHICK, R. (1989): Zur Wärmegeschichte im Kalkalpin Bayerns und Nordtirols (Inkohlung und Illit-Kristallinität). - 259 S., 75 Abb., 12 Tab., 3 Taf.; Frankfurt a. M.
DM 16,--

Band 11 RÖHR, C. (1990): Die Genese der Leptinite und Paragneise zwischen Nordrach und Gengenbach im mittleren Schwarzwald. - 159 S., 54 Abb., 15 Tab.; Frankfurt a. M.
DM 15,--

Band 12 YE, Y. (1992): Zur Geochemie und Petrographie der unterkarbonischen Schwarzschieferserie in Odershausen, Kellerwald, Deutschland. - 206 S., 58 Abb., 15 Tab., 5 Taf.; Frankfurt a. M.
DM 19,--

Band 13 KLEIN, S. (1993): Archäometallurgische Untersuchungen an frühmittelalterlichen Buntmetallfunden aus dem Raum Höxter/Corvey. - 203 S., 28 Abb., 14 Tab., 12 Taf., 13 Anl.; Frankfurt a. M.
DM 33,--

B e s t e l l u n g e n z u r i c h t e n a n :

Institut für Geochemie, Petrologie und Lagerstättenkunde der Johann Wolfgang Goethe-Universität,
Postfach 11 29 32, D-60054 Frankfurt am Main

FRANKFURTER GEOWISSENSCHAFTLICHE ARBEITEN

Herausgegeben vom Fachbereich Geowissenschaften

Johann Wolfgang Goethe-Universität Frankfurt am Main

Serie D: Physische Geographie

Band 1 BIBUS, E. (1980): Zur Relief-, Boden- und Sedimententwicklung am unteren Mittelrhein. - 296 S., 50 Abb., 8 Tab.; Frankfurt a. M.
DM 25,--

Band 2 SEMMEL, A. (1991): Landschaftsnutzung unter geowissenschaftlichen Aspekten in Mitteleuropa. - 3., verb. Aufl., 67 S., 11 Abb.; Frankfurt a. M.
DM 10,--

Band 3 SABEL, K. J. (1982): Ursachen und Auswirkungen bodengeographischer Grenzen in der Wetterau (Hessen). - 116 S., 19 Abb., 8 Tab., 6 Prof.; Frankfurt a. M.
DM 11,50 (vergriffen)

Band 4 FRIED, G. (1984): Gestein, Relief und Boden im Buntsandstein-Odenwald. - 201 S., 57 Abb., 11 Tab.; Frankfurt a. M.
DM 15,-- (vergriffen)

Band 5 VEIT, H. & VEIT, H. (1985): Relief, Gestein und Boden im Gebiet von "Conceiçao dos Correias" (S-Brasilien). - 98 S., 18 Abb., 10 Tab., 1 Kt.; Frankfurt a. M.
DM 17,--

Band 6 SEMMEL, A. (1989): Angewandte konventionelle Geomorphologie. Beispiele aus Mitteleuropa und Afrika. - 2. Aufl., 116 S., 57 Abb.; Frankfurt a. M.
DM 13,--

Band 7 SABEL, K.-J. & FISCHER, E. (1992): Boden- und vegetationsgeographische Untersuchungen im Westerwald. - 2. Aufl., 268 S., 19 Abb., 50 Tab.; Frankfurt a. M.
DM 18,--

Band 8 EMMERICH, K.-H. (1988): Relief, Böden und Vegetation in Zentral- und Nordwest-Brasilien unter besonderer Berücksichtigung der känozoischen Landschaftsentwicklung. - 218 S., 81 Abb., 9 Tab., 34 Bodenprofile; Frankfurt a. M.
DM 13,--

Band 9 HEINRICH, J. (1989): Geoökologische Ursachen luftbildtektonisch kartierter Gefügespuren (Photolineationen) im Festgestein. - 203 S., 51 Abb., 18 Tab.; Frankfurt a. M.
DM 13,--

Band 10 BÄR, W.-F. & FUCHS, F. & NAGEL, G. [Hrsg.] (1989): Beiträge zum Thema Relief, Boden und Gestein - Arno Semmel zum 60. Geburtstag gewidmet von seinen Schülern. - 256 S., 64 Abb., 7 Tab., 2 Phot.; Frankfurt a. M.
DM 16,--

Band 11 NIERSTE-KLAUSMANN, G. (1990): Gestein, Relief, Böden und Bodenerosion im Mittellauf des Oued Mina (Oran-Atlas, Algerien). - 163 S., 17 Abb., 13 Tab.; Frankfurt a. M.
DM 12,--

Band 12 GREINERT, U. (1992): Bodenerosion und ihre Abhängigkeit von Relief und Boden in den Campos Cerrados, Beispielsgebiet Bundesdistrikt Brasilia. - 259 S., 20 Abb., 15 Tab., 24 Fot., 1 Beil.; Frankfurt a. M.
DM 18,--

Band 13 FAUST, D. (1991): Die Böden der Monts Kabyè (N-Togo) - Eigenschaften, Genese und Aspekte ihrer agrarischen Nutzung. - 174 S., 33 Abb., 25 Tab., 1 Beil.; Frankfurt a. M.
DM 14,--

Band 14 BAUER, A. W. (1993): Bodenerosion in den Waldgebieten des östlichen Taunus in historischer und heutiger Zeit - Ausmaß, Ursachen und geoökologische Auswirkungen. - 194 S., 45 Abb.; Frankfurt a. M.
DM 14,--

Band 15 MOLDENHAUER, K.-M. (1993): Quantitative Untersuchungen zu aktuellen fluvial-morphodynamischen Prozessen in bewaldeten Kleineinzugsgebieten von Odenwald und Taunus. - 307 S., 108 Abb., 66 Tab.; Frankfurt a. M.
DM 18,--

Band 16 SEMMEL, A. (1993): Karteninterpretation aus geoökologischer Sicht - erläutert an Beispielen der Topographischen Karte 1 : 25 000. - 85 S.; Frankfurt a. M.
DM 12,--

Band 17 HEINRICH, J. & THIEMEYER, H. [Hrsg.] (1994): Geomorphologisch-bodengeographische Arbeiten in Nord- und Westafrika. - 97 S., 28 Abb., 12 Tab.; Frankfurt a. M.
DM 13,--

Bestellungen zu richten an:

Institut für Physische Geographie der Johann Wolfgang Goethe-Universität, Postfach 11 19 32, D-60054 Frankfurt am Main